Digital Fashion Design

1인 창업을 위한
디지털 패션
디자인

Digital Fashion Design

1인 창업을 위한
**디지털 패션
디자인**

김숙진
–
최 정
–
조희은
–
양은경
–
나윤희

교문사

모든 조형 예술의 기본이 되는 3가지 요소는 형태, 재질, 색채라고 칸딘스키가 말했다. 현대 예술에서 보이는 것이 아닌 보이지 않는 것을 주제로 그림을 그리기 시작한 지 100년 남짓 되었다. 패션은 인간이 살아가는 데 기본이 되는 의, 식, 주 중에서 자신을 표현하는 첫 번째 수단이다. 예술이 근본적으로 자신의 생각과 느낌을 나타내는 하나의 표현방법이라고 생각한다면 패션은 인간이 자아를 확립하기도 전에 제일 먼저 만나는 표현수단이다. 굳이 예술을 공부하지 않더라도 사람들은 매일 아침 무엇을 입을까 고민한다. 짧든 길든 무엇을 입고 어떻게 꾸며서 머릿속의 내 이미지를 나타낼지 매일 결정하고 표현한다.

디지털 패션은 아시아 대륙의 제일 동쪽 끝에 조그맣게 자리 잡고 있으며, 전 세계에서 제일 먼저 아침을 맞이하는 우리나라에서 세계 최고라고 자랑할 수 있는 분야이다. Information Technology를 공부하는 사람이라면 대한민국을 모를 수 없다. 필자는 지금으로부터 12년 전인 2003년 2월에 모나코 국제 학회에 특별 강사로 초대되어 유럽인을 대상으로 한국의 아바타 시장에 대해 강연한 적이 있다. 그만큼 한국은 IT 기술이 빠르게 발전하고 있는 나라로 인정받고 있다.

여러분은 이 책을 통해 패션이라는 분야에서 디지털 기술이 어떻게 적용되고 있으며, 앞으로 어떤 기술이 적용될 것인지 알 수 있을 것이다. 1장에서는 디지털 패션디자인의 개요를 정리하였고, 2장에서는 디지털 패션을 위해 기본적으로 필요한 2D 그래픽 소프트웨어에 관한 내용으로 구성하였다. 3장은 가상의상 제작을 위한 소프트웨어인 마블러스 디자이너에 관한 소개이다. 4장은 특별히 1인 창업을 꿈꾸고 있는 디지털 패션 전공자를 위해 현재 상용화되어 있는 디지털 패션 마켓에서 의상을 판매할 수 있도록 포저에 관한 내용을 중심으로 구성하였다.

이 책은 2D에서 3D까지 일반 의상 전문 디자이너가 패션 관련 소프트웨어를 습득하고 1인 창업을 하는 데 필요한 모든 지식을 담고 있다. 책이 나오기까지 수고하신 최정 교수님, 조희은 교수님, 양은경 교수님과 모든 행정적인 절차와 마블러스 부분까지 힘써 준 나윤희 선생님, 그리고 교문사 편집부에 깊은 감사를 전하고 싶다.

2015년 8월
김숙진 드림

차 례 CONTENTS

Digital Fashion Design

PHASE 1

DIGITAL FASHION DESIGN

디지털 패션디자인의 개요

디지털 패션디자인의 이해

우리는 어느 순간부터 가상공간, 가상세계를 현실처럼 자연스럽게 접하고 사용하고 있다. 인터넷 사이트의 가상공간에서 HMD 안경이나 모자와 같은 특수한 장치를 이용하여 마치 다른 공간에 와 있는 것 같은 경험을 하는 등 가상세계가 점점 생활 속 일부가 되고 있다. 이는 버추얼가상현실(Virtual Reality), 증강현실(Augemented Reality), 3차원 그래픽스 기술이 결합된 리얼리티를 더욱 강조한 기술의 개발 때문이기도 하다.

가상현실이라는 용어는 1980년대 캐나다의 공상 과학 소설가 윌리엄 깁슨(William Gibson)이 만든 말이다. 가상세계와 현실과의 가장 큰 차이점은 거리감이 없다는 것이다. 이처럼 현실에 가까운 가상공간을 컴퓨터 안에서 제작하기 위해서는 컴퓨터 그래픽 기술이 발전되어야 한다. 컴퓨터 기술의 눈부신 발전으로 컴퓨터 그래픽을 이용한 특수효과가 영상 언어의 새로운 방향을 제시하고, 그로 인한 파급효과가 전 세계 컴퓨터 그래픽의 대중화를 불러왔다. 현재 우리나라에서도 이러한 흐름에 편승하여 2차원과 3차원 애니메이션 작품이 쏟아져 나오고 있으며, 컴퓨터 그래픽으로 사실성을 더욱 높인 고품질의 작품이 요구되고 있다.

디지털 패션 역시 IT와 패션의 결합으로 다양하게 발전하고 있다. 디지털 패션디자인이라는 용어는 디지털 기술을 활용해 패션디자인을 한 것뿐만 아니라, 소재에 특수한 기능을 첨부한 패션을 포함할 수도 있고, 컴퓨터를 활용하여 3D로 제작된 패션디자인도 포함된다. 이렇듯 패션도 IT기술과 융합하여 다양한 방향으로 발전되고 있다.

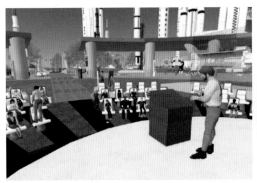

웹사이트 '세컨드 라이프' 속 생활
자료 : 린든랩(www.lindenlab.com)

특수 안경을 통한 가상공간 체험
자료 : www.vr.ucl.ac.uk

그러나 패션에 디지털 기계를 결합하여 제작하는 것(예 : 웨어러블 컴퓨터)은 공학 전문가와 융합을 해야 하거나 본인이 전자, 컴퓨터 분야 쪽으로 지식이 충분해야만 가능한 일이다. 특수한 소재(일명 스마트 소재 및 의류) 역시 패션디자인만을 전공해서는 개발이 불가능하다. 하지만 컴퓨터를 활용한 3D 가상패션은 패션디자인만을 전공한 사람도 간단한 소프트웨어 사용법을 익히면 손쉽게 제품을 개발할 수 있다.

3D 디지털 패션디자인
ⓒ 김숙진

디지털 패션디자인을 제작할 수 있는 다양한 소프트웨어가 개발되면서 이러한 기술 사용이 새로운 분야로 확대되고 있다. 영화, 애니메이션, 게임은 물론 패션쇼, 박물관, 새로운 마켓 형성 등 디지털 패션디자인의 활용 범위는 매우 넓다.

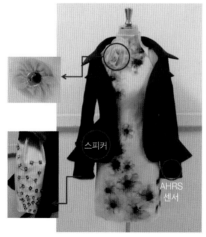
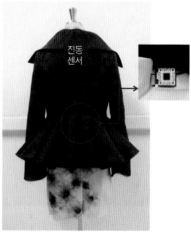

2014년도 웨어러블 컴퓨터 경진대회 금상 수상작
자료 : 세종대 학부 '칠면조'팀 프레젠테이션 의상

영화 〈스타십 트루퍼스 : 인베이전〉(2012)　　　　　　　　　게임 〈SIMS 3〉 4

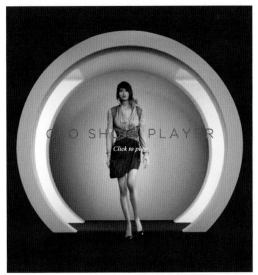

3D 디지털 패션 제작 소프트웨어 개발사 클로버추얼패션의 패션쇼 플레이어 소프트웨어

발렌티노 3D 디지털 박물관(www.valentinogaravanimuseum.com)

특히 디지털패션의 온라인 마켓은 패션산업의 새로운 부가가치로 불황인 패션 산업에 활력을 넣어 주고, 앞으로 계속 성장해 나갈 수 있는 시장이라는 점에서 주목할 만하다. 디지털 패션의 온라인 마켓은 앞서 언급된 인터넷 속 가상공간 '세컨드 라이프' 및 온라인 게임에서 활용되는 의상을 제작하여 판매하고, 사고, 공유하는 웹사이트이다. 온라인 디지털 패션 마켓에서 상품을 등록하고 판매하는 것은 디지털 패션을 제작할 수 있는 소프트웨어 기능을 습득하면 누구나 가능하며, 1인 창업도 가능한 분야이다.

패션산업에서 신진 패션디자이너로서 창업하기 위해서는 인적자원의 의존도가 높은 산업의 특성으로 인해 많은 자본과 인력이 필요하다. 또한 유명 SPA 패션기업과의 경쟁에서 살아남기 위한 창의적인 디자인으로 소비자들이 원하는 상품을 개발해야 하는데 1인 기업으로 직접 디자인부터 원단 선택, 샘플 제작, 상품 생산, 마케팅까지 진행하기에는 무리가 있다. 어려운 창업과정을 거쳐서 혼자 패션사업을 운영한다고 하더라도 상품의 재고 문제로 어려움을 겪을 수도 있다. 이런 패션산업의 문제점을 해결하기 위하여 정부에서는 기존의 조직 및 시스템 중심의 산업구조에서 창의력과 기술이 결부된 콘텐츠 제작, 상품 개발, 유통, 서비스 제공 등을 통해 새로운 일자리와 고부가 가치를 창출하는 미래형 조직 모델로 1인 창조기업에 주목하고 있으며, 이것의 필요성을 강조하고 있다. 이를 바탕으로 생각해 볼 때 온라인 디지털 패션 마켓에서 디지털 패션을 제작하여 판매할 수 있는 교육이 꼭 필요할 것이다.

이제부터 다음 사례들을 살펴보면서 앞으로 공부하고자 하는 디지털 패션디자인의 장점을 확인해 보도록 한다.

서양인, 일본은 아는데 한국은 모른다?

'세컨드 라이프' 관련 기사

위 내용은 2008년에 나온 오래된 기사로 온라인 웹사이트 '세컨드 라이프'에서 삼성을 비롯한 다수의 한국 기업들이 온라인 세상에 가상 빌딩을 짓고 사이버 영업을 하고 있을 때, 미국 하버드대학원생 원동희 씨가 '세컨드 라이프' 초창기부터 가상현실 게임을 이용하다가 그 사이트에 '기모노만 보이고 한복이 없다.'는 사실에 분개하여 사이버 한복점을 냈다는 기사이다. 그리고 최근에 '세컨드 라이프'에서 아바타의 의상을 사고, 판매하는 마켓을 개설하여 활용하고 있다. 이 마켓은 '세컨드 라이프'에서 사용할 수 있는 모든 것을 판매하고 있으며 판매를 위해서는 사이트에서 제시하는 규정에 따라 상품을 등록해야 한다.

이외에도 디지털 패션을 등록하고 판매할 수 있는 온라인 사이트는 다양하다. 그중 렌더로시티(Renderosity)라는 사이트에서 세종대학교 패션디자인학과 대학원생 및 학부생들이 직접 디지털 패션을 제작한 것을 판매 중이다. 2014년 4월에는 아오자이 콘셉트 의상을 제작하여 사이트에 등록해 놓고 현재까지 재고 없이 판매하고 있다. 1년이 지난 지금까지의 판매액은 500달러에 가깝다. 본인이 계속 의상을 제작하여 업로드하면 더욱 많은 상품을 판매할 수 있어 수익이 커질 것이다. 이처럼 렌더로시티에서 상품을 판매하기 위해서는 사이트에서 규정한 기준 및 절

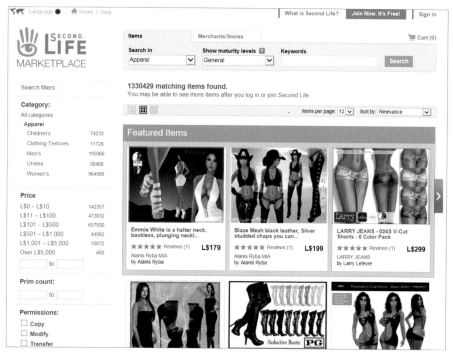

'세컨드 라이프'의 온라인 마켓(marketplace.secondlife.com)

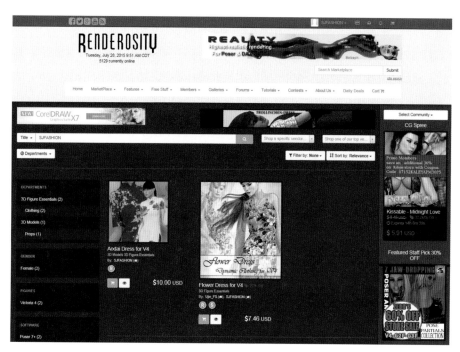

렌더로시티에서 판매 중인 세종패션디자인연구소 아이템

차에 따라야 상품을 판매할 자격을 얻을 수 있다.

　지금까지 디지털 패션디자인의 정의와 실제 1인 창업을 한 디지털 패션디자이너의 사례를 살펴보면서, 디지털 패션디자인의 필요성과 디지털 패션디자이너의 가치를 확인해 보았다. 이제부터는 디지털 패션디자인의 전망과 디지털 패션디자인의 창업 절차, 창업의 장점에 관해 자세히 살펴보도록 한다.

디지털 패션디자인의 가능성과 전망

디지털 패션디자인의 가능성

컴퓨터의 발전에 의해 다양한 첨단디자인이 지속적인 발전을 이루고 있다. 디지털 패션디자인은 디자인과 과학, 정보 시스템과 밀접한 관계가 있다. 인터넷 확산과 IT 발전, 디지털 기술의 영향은 가상공간 속에서 새로운 정체성을 만들고 스마트한 디지털 세상 속에서 라이프스타일로 확장되어 가고 있다.

　이처럼 디지털 패션디자인은 그래픽 위주의 가상공간에서, 끊임없이 변화와 변신의 욕구를 충족시키고자 하는 바람이 가상공간을 통해 표현된 것이라 할 수 있다. 가상공간은 컴퓨터를 통해 실제 환경과 유사하게 만들어진 컴퓨터 모델링을 경험하는 것이다. 가상공간은 네트워크에서 제공하는 공간이며, 현실과 가상현실의 시뮬레이션이 가능한 곳이기도 하다. 가상공간을 대표하는 분야로는 애니메이션, 3D 영화, 게임 등이 있는데 여기에서도 중요한 것이 바로 의상, 즉 패션이다. 패션은 그 시대의 사회적·문화적 특징을 표현하는 가장 시각적인 매체인데, 디지털 시대의 패션은 시간적·공간적 즉, 기술적 개념으로 물리적 공간과 가상의 공간을 시간이나 공간의 제한 없이 이동한다.

　디지털 패션디자인은 디지털 환경, 즉 컴퓨터 속 가상공간에서 사용되는 패션으로 3D 영화, 애니메이션, 게임 분야에서 사용된다. 또한 디지털 아트 공연, 가상패션쇼 등 다양한 분야에서 새로운 가치를 창출하고 있다. 이는 기존의 전통적인 패션 체계의 전환점이 되어 디지털 기술에 의한 미래의 새로운 지평을 열게 될 것이다.

　디지털 패션디자인은 패션디자인의 아이디어를 가상공간에서 원하는 대로 표현하는 것이 가능하고, 시간과 공간의 제약이 없으며, 바이어 및 관객들과 직접 만나지 않아도 된다는 편리함이 있다. 인터넷이라는 매체를 이용하기 때문에 영상 홍보가 가능하여 비용을 절감할 수도 있다.

디지털 패션 생산기술은 기존의 의류 디자인 및 생산 초기 단계에서 샘플 제작 비용을 비롯한 시간과 노력을 줄일 수 있고, 다양한 패턴을 그래픽 작업을 통해 여러 체형의 가상 시뮬레이션을 할 수 있어, 착용 시 생기는 문제점을 사전에 알 수 있다는 장점이 있다.

그래픽이나 3D 소프트웨어 기초 지식이 전무하고 미숙한 일반적인 패션 디자이너들도 일러스트레이터(Illustrator) 프로그램, 마블러스(Marvelous) 소프트웨어, 포저(Poser) 소프트웨어를 통해 온라인 콘텐츠 마켓 플레이스에서 의상 판매가 가능하다. 디지털 패션디자인의 다기능성은 미래의 조형미를 대표하는 중요한 요소가 될 것이며, 3D 디지털 패션디자이너를 양성하는 것은 향후 패션사업에서 국내뿐만 아니라 글로벌 기업에서 새로운 분야를 개척하는 데 중요한 역할을 할 것이다.

디지털 패션디자인의 전망

우리는 디지털 세상 속에 살고 있다. 디지털시대의 디자인은 컴퓨터 기술과 분리해서 생각하기 힘들다. 디지털 패션디자인은 가상공간 내에서 생기는 새로운 문화현상으로 패션 표현의 조형성을 발휘하고 새로운 창조의 가능성을 열어 새로운 콘텐츠를 만드는 것이다. 이처럼 컴퓨터 그래픽과 가상공간 기술의 패션디자인이 접목되면, 패션제품의 가상전시가 가능하고 가상전시에 의한 패션쇼나 판매를 위한 가상쇼핑몰도 구성할 수 있어 디지털 패션디자인이 애니메이션, 게임, 영화 등에서 3D 가상공간 시뮬레이션으로 컴퓨터 산업에서 적극 활용되고 있다. 3D 기술의 발전은 디지털 패션디자인에서 새로운 비즈니스 모델을 창출하고, 가상공간의 시뮬레이션 기술과 웹을 기반으로 한 전자상거래에 적극 활용되면서 급부상하고 있다. 또한 3D 가상피팅을 활용한 비즈니스를 하거나 구매하고 싶은 패션아이템을 가상공간에서 피팅해 볼 수도 있다. 디지털 패션의 비즈니스 잠재력과 가능성은 무한대에 가깝다.

이처럼 디지털 패션디자인을 제작·판매하는 시장이 형성되어 새로운 부가가치가 창출되고, 미래 패션산업에 디지털 패션디자인이 도입되어 새로운 콘텐츠 개발이 가능해질 것이다.

디지털 패션디자인의 창업 절차

디지털 패션디자인의 창업은 디지털 클로딩 기술이나 3D 그래픽 전문 소프트웨어로 제작되고 사용 플랫폼에 맞추어 기술적으로 세팅된 3D 캐릭터의 가상의상을 판매하는 비즈니스이다. 상품의 형태는 디지털 패션 콘텐츠 파일이며, 이를 온라인 콘텐츠 마켓 플레이스에서 개인 유저에게 판매한다. 디지털 패션디자인의 창업 절차는 크게 창업 준비 단계 그리고 창업 계획 단계, 사업 실행 단계로 나눌 수 있다.

창업 준비 단계

창업 준비 단계에서 창업자는 기본적으로 디자이너이자 테크니컬 디렉터로서의 역할을 수행하기 위한 종합적인 실무 능력을 갖추어야 한다. 패션디자인 기획력 및 디지털 패션디자인 콘텐츠를 제작하는 데 필요한 소프트웨어 운용 역량 그리고 3D 캐릭터 전반에 대한 기술적 이해가 요구된다. 또한 사업 아이템을 분석하고 경쟁사의 범위를 설정하기 위한 시장 조사가 필요하다.

현재 디지털 패션디자인 콘텐츠를 판매할 수 있는 해외 온라인 마켓 플레이스의 대표적인 예로는 렌더로시티(www.renderosity.com)와 Daz3D(www.daz3D)의 마켓 플레이스가 있다. 창업을 준비하는 단계에서 디지털 패션 콘텐츠 시장의 규모 분석, 유사 제품군 및 아이템 트렌드에 대한 분석 및 디지털 패션 콘텐츠 사용자의 특성에 대한 분석이 필요하며 이를 통해 본인이 기획한 아이템의 수요를 예측할 수 있다.

창업 계획 단계

창업 계획 단계에서는 사업 목표와 방향을 설정하고, 시장성이 있는 디지털 패션디자인 아이템을 선정하여 상품 및 생산 계획을 세운다. 이를 위해 창업 초기에 판매 가능한 상품과 지속적인 판매를 위한 상품의 기획 및 생산 계획을 해야 한다. 또한 온라인 마켓 플레이스에서의 마케팅은 상품에 대한 시각자료에 의존하므로 상품의 특징을 효과적으로 보여줄 수 있는 마케팅 및 홍보 자료를 준비해야 한다.

사업 실행 단계

실제 패션디자인 창업에서는 개인 또는 법인의 회사 설립을 위해 사업자 등록이 필요하지만, 디지털 패션디자인 창업의 경우에는 온라인 마켓 플레이스에 등록하는 절차만으로도 제작한 디지털 패션 콘텐츠를 판매할 수 있다. 이는 창업 준비 단계에서 소비자의 반응을 보기 위해 기획한 디지털 패션 콘텐츠 상품을 판매해 볼 수 있다는 장점이 있다. 판매된 상품에 대한 수익은 페이팔(Paypal)을 통해 송금받을 수 있으며, 국내에서는 프리랜서 또는 개인사업자 자격으로 수익에 대한 소득 신고가 가능하다. 상품 관리 부분에서 다루게 될 렌더로시티의 마켓 플레이스는 상품, 마케팅 및 재무 관리에 필요한 효율적인 관리 시스템을 제공하고 있다. 판매 등록된 상품을 관리하기 위한 벤더 콘트롤스(Vendor Controls)를 통해 하루 판매량, 구매한 소비자 정보, 월별 판매량, 개별 세일 및 그룹 세일 등 다양한 기능을 제공받을 수 있다. 또한 매출 및 수익에 대한 관리 페이지를 통해 효율적인 상품별 매출 관리 및 재무 관리도 할 수 있다.

디지털 패션디자인 창업의 장점

디지털 패션디자인 창업은 실제 의류 상품을 다루는 패션디자인 창업과 비교하면 많은 장점을 가지고 있다.

1 패션디자인 창업을 위해서는 창업하는 사람들이 공동으로 점포를 임차해야 한다. 하지만 디지털 패션디자인 창업의 경우에는 1인 창업의 형태로 컴퓨터, 모니터 등의 디지털 워크스테이션만 준비한다면 별다른 창작 공간이 필요 없다.
2 자본이 아닌 첨단 소프트웨어 기술과 새로운 패션 콘텐츠 아이디어를 사업화하는 것으로, 사업을 운영하기 위한 고정비용이 필요 없다.
3 해외 유명 콘텐츠 마켓 플레이스에 소정의 가입 절차를 거쳐 자유롭게 입점할 수 있어 판로 개척을 위한 마케팅 지원이 필요 없다.
4 디지털 패션디자인 상품이 디지털 데이터 파일의 형태로 창작되고 거래되므로 실제 패션디자인 브랜드 창업의 가장 큰 문제점인 재고 소진에 대한 부담이 없다.
5 상품의 거래는 온라인 마켓 플레이스에 등록된 파일의 다운로드를 통해 이루어지므로, 상품의 재생산 없이 한 번의 창작의 통해 지속적인 매출이 발생한다.

본 교재에서는 디지털 패션디자인 창업을 준비하기 위해 디지털 패션 콘텐츠로서의 가상의상과 가상의상 시장에 대한 이해 그리고 실제 사업을 수행하기 위한 가상 의상 제작 프로세스에 대한 전문적인 실무 지식을 전달하고자 한다.

Digital Fashion Design PHASE 2

ADOBE
ILLUSTRATOR · PHOTOSHOP

어도비 일러스트레이터 · 포토샵 입문

WEEK 1
일러스트레이터 이해하기

학습목표
일러스트레이터의 기능과 환경 체계를 이해한다.

일러스트레이터의 이해

일러스트레이터(Illustrator)는 어도비(Adobe)가 개발한 드로잉(drawing) 소프트웨어로 초보자 및 전문가, 디자이너에게 다양한 작업 환경을 제공하기 위해 만들어졌다. 이 프로그램은 윈도와 매킨토시 두 운영 체제에서 모두 사용할 수 있다. 일러스트레이터는 패션디자인, 패턴디자인, 그래픽디자인, 광고디자인, 캐릭터디자인, 웹디자인 등 디자인 전 분야에서 사용되며, 해상도와 작업 크기에 영향을 받지 않고 수정이나 변형 작업이 가능하다.

2차원 컴퓨터 프로그램은 벡터 그래픽과 비트맵 그래픽으로 구분되는데, 가장 대표적인 벡터 그래픽 프로그램이 바로 일러스트레이터이다. 벡터 그래픽을 다루는 일러스트레이터는 정점의 좌표값을 데이터로 기억하기 때문에 수정이 자유롭고 파일의 용량이 작은 것이 장점이다. 펜 도구와 도형 툴 등 다양한 툴을 이용한 자유로운 드로잉이 가능하다.

본 장에서는 일러스트레이터 프로그램의 활용 능력을 숙지하고 디지털 시대에 맞는 디자인 전개 과정 및 응용 방법을 살펴보고자 한다. 또한 일러스트레이터 프로그램을 중점으로 한 디자인 및 이미지 표현 방법을 실습하고, 이를 바탕으로 창의적인 사고 및 다양한 매체와의 결합능력, 디자인 응용 능력을 키우는 방법을 배우도록 한다.

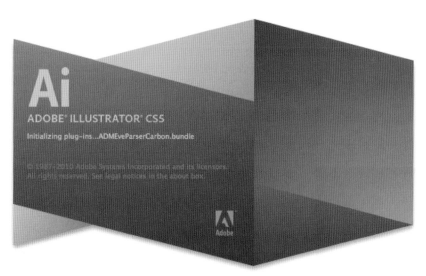

일러스트레이터 CS 5의 로그인 이미지

벡터 이미지와 비트맵 이미지

벡터 이미지

벡터(Vector) 이미지는 이미지에 대한 정보가 모양과 선에 대한 형태로 파일 내에 저장되어 있으며, 여기에는 색상 및 위치 속성도 포함된다. 벡터 이미지의 특징은 해상도와 상관없이 이미지 크기를 확대·회전·변화시켜도 용량 변화나 이미지 손상이 없다는 것이다. 일러스트레이터는 벡터 그래픽을 다루는 대표적인 프로그램이라고 할 수 있다.

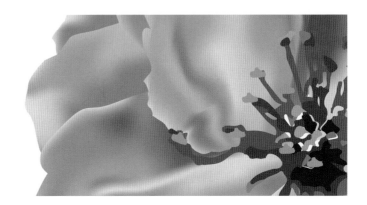

비트맵 이미지

비트맵(Bitmap) 이미지의 최소 단위는 픽셀(pixel)로, 모자이크처럼 입자식으로 이루어져 있다. 비트맵 이미지는 확대나 축소 시 원본 이미지보다 손상되기 쉽다. 해상도가 낮아지면 출력했을 때 모자이크처럼 이미지가 깨져 보이기 때문에 주의해야 한다.

색상 체계

일러스트레이터에서 사용하는 색상 체계(Color Mode)는 크게 CMYK 모드, RGB 모드, 그레이스케일(Grayscale)로 나누어진다. 색상 체계는 작업의 종류에 따라 선택하여 사용한다. 작업자는 자신의 작업 목적에 맞는 색상 모드를 설정하여 작업해야 한다.

CMYK 모드

CMYK 모드는 청(Cyan), 진홍(Magenta), 노랑(Yellow), 검정(Black)이라는 4색의 혼합 조절로 표현되는 색상 모드이다. 일러스트레이터의 기본 색상 모드로 혼합할수록 어두어지는 감산 혼합의 속성을 지니며 인쇄나 출력의 기준이 된다.

RGB 모드

RGB 모드는 빛의 3원색인 빨강(Red), 녹색(Green), 파랑(Blue)의 혼합 조절로 색을 표현하는 색상 모드이다. 혼합할수록 밝아지는 가산 혼합의 속성을 지니며 모니터, 영상, 홈페이지 등의 작업에 사용된다.

그레이스케일

그레이스케일은 하양과 검정, 하양에서 검정까지의 회색 음영으로 구성되는 색상 모드이다. 이 모드는 총 256단계의 명암을 표현한다.

WEEK 2
일러스트레이터 기본기 익히기

학습목표
일러스트레이터의 인터페이스와 다양한 툴의 기능을 익힌다.

툴 박스의 도구별 명칭

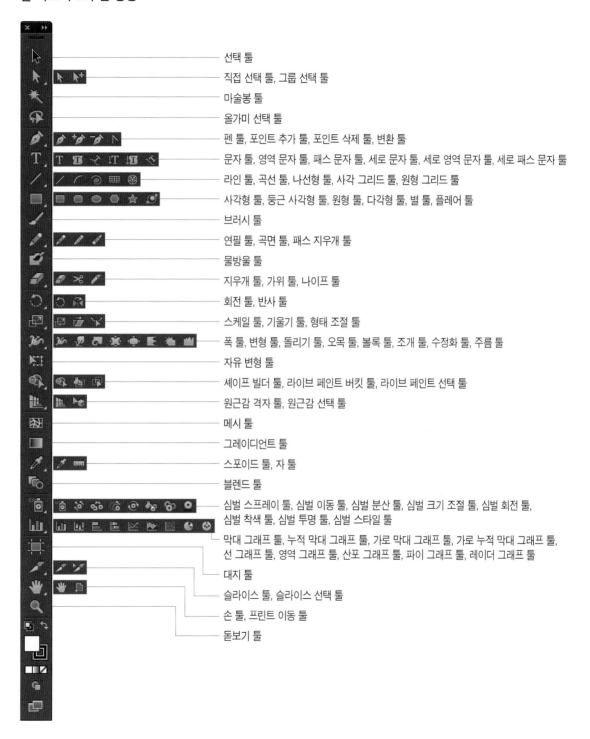

- 선택 툴
- 직접 선택 툴, 그룹 선택 툴
- 마술봉 툴
- 올가미 선택 툴
- 펜, 포인트 추가 툴, 포인트 삭제 툴, 변환 툴
- 문자 툴, 영역 문자 툴, 패스 문자 툴, 세로 문자 툴, 세로 영역 문자 툴, 세로 패스 문자 툴
- 라인 툴, 곡선 툴, 나선형 툴, 사각 그리드 툴, 원형 그리드 툴
- 사각형 툴, 둥근 사각형 툴, 원형 툴, 다각형 툴, 별 툴, 플레어 툴
- 브러시 툴
- 연필 툴, 곡면 툴, 패스 지우개 툴
- 물방울 툴
- 지우개 툴, 가위 툴, 나이프 툴
- 회전 툴, 반사 툴
- 스케일 툴, 기울기 툴, 형태 조절 툴
- 폭 툴, 변형 툴, 돌리기 툴, 오목 툴, 볼록 툴, 조개 툴, 수정화 툴, 주름 툴
- 자유 변형 툴
- 셰이프 빌더 툴, 라이브 페인트 버킷 툴, 라이브 페인트 선택 툴
- 원근감 격자 툴, 원근감 선택 툴
- 메시 툴
- 그레이디언트 툴
- 스포이드 툴, 자 툴
- 블렌드 툴
- 심벌 스프레이 툴, 심벌 이동 툴, 심벌 분산 툴, 심벌 크기 조절 툴, 심벌 회전 툴, 심벌 착색 툴, 심벌 투명 툴, 심벌 스타일 툴
- 막대 그래프 툴, 누적 막대 그래프 툴, 가로 막대 그래프 툴, 가로 누적 막대 그래프 툴, 선 그래프 툴, 영역 그래프 툴, 산포 그래프 툴, 파이 그래프 툴, 레이더 그래프 툴
- 대지 툴
- 슬라이스 툴, 슬라이스 선택 툴
- 손 툴, 프린트 이동 툴
- 돋보기 툴

선택 도구 툴

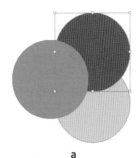

a

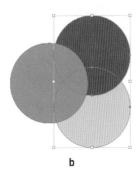

b

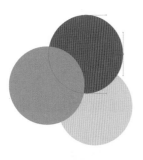

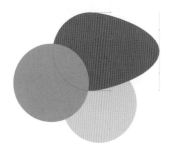

선택 툴 _ 선택 툴(Selection tool)은 오브젝트를 선택할 때 사용하는 툴이다. 오브젝트를 하나씩 클릭하면 원하는 오브젝트를 선택할 수 있고, 클릭해서 드래그하면 드래그한 영역의 오브젝트가 모두 선택된다. Shift 를 누르고 오브젝트를 하나씩 클릭하면 추가 선택이 가능하고, 선택된 오브젝트를 클릭하면 선택이 해제된다.

Tip

선택 툴 의 복제 기능

오브젝트를 선택하고 Alt 를 누르면 오브젝트가 복제된다. Alt 를 누르고 이동하다가 Shift 를 누르면 수직·수평으로 복제된다.

직접 선택 툴 _ 직접 선택 툴(Direct Selection tool)은 부분적으로 형태를 수정할 때 사용하는 툴이다. Shift 를 누르고 클릭하면 여러 개의 포인트를 추가 선택할 수 있고, Delete 로 삭제할 수도 있다.

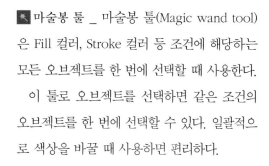

✹ 마술봉 툴 _ 마술봉 툴(Magic wand tool)
은 Fill 컬러, Stroke 컬러 등 조건에 해당하는
모든 오브젝트를 한 번에 선택할 때 사용한다.

　이 툴로 오브젝트를 선택하면 같은 조건의
오브젝트를 한 번에 선택할 수 있다. 일괄적으
로 색상을 바꿀 때 사용하면 편리하다.

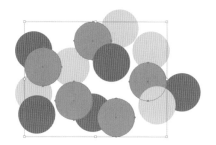

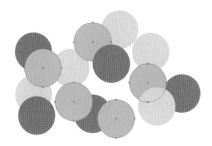

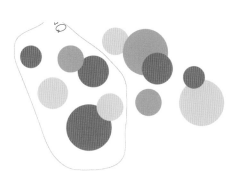

☂ 올가미 선택 툴 _ 올가미 선택 툴(Lasso tool)
은 자유롭게 드래그하여 오브젝트를 선택할 때
사용한다.

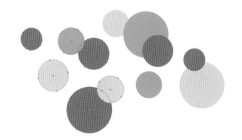

도형 그리기 툴

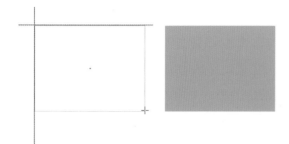

■ 사각형 툴 _ 사각형 툴(Rectangle tool)을 선택하고 클릭 후 드래그하면 사각의 오브젝트가 생성된다.

Tip

Shift 를 누르고 드래그하면 정사각형이 만들어지고 Alt 를 누르고 드래그하면 중심부터 사각형이 만들어진다.

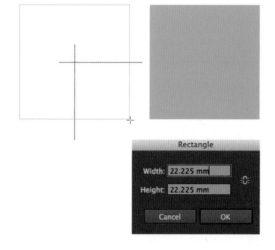

Tip

사각형 툴 선택 시 더블 클릭하거나 도큐먼트를 클릭하면 옵션 상자가 나타나 Width(가로), Height(세로)를 입력하여 입력하여 원하는 크기의 오브젝트를 정확하게 만들 수 있다.

■ 둥근 사각형 툴 _ 둥근 사각형 툴(Rounded rectangle tool)은 모서리가 둥근 사각형을 만들어 준다. 클릭 후 드래그하면 둥근 사각형이 생성되고 옵션 상자에 가로(Width), 세로(Height), 모서리 반지름(Corner Radius) 값을 설정하면 원하는 크기의 오브젝트를 생성할 수 있다.

↑ 를 누르면 모서리의 둥근 정도가 커지고 ↓ 를 누르면 둥근 정도가 작아진다.

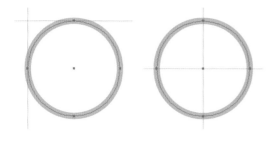

◉ 원형 툴 _ 원형 툴(Ellipse tool)을 선택하고 도큐먼트에서 클릭한 후 드래그하면 원형 오브젝트가 만들어진다.

[Alt]를 누르고 드래그하면 중심부터 원이 생기고, [Shift]+[Alt]를 누르고 드래그하면 중심부터 정원이 생성된다.

원형 툴을 선택하고 도큐먼트를 클릭하면 옵션 상자가 나타나고 옵션 상자에 Width, Height을 입력하여 원하는 크기의 원을 만들 수 있다. [Shift]를 누르고 드래그하면 정원이 만들어진다.

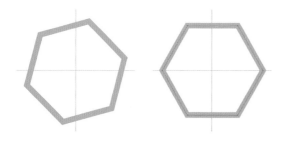

◉ 다각형 툴 _ 다각형 툴(Polygon tool)은 다각형 모양의 오브젝트를 만들어 준다.

Tip
클릭 후 드래그하면서 [↑]를 누르면 다각형의 면 수가 추가되고, [↓]를 누르면 다각형의 면 수가 줄어든다.

별 툴 _ 별 툴(Star tool)은 별 모양의 오브젝트를 만들어 준다. 이 툴을 클릭하고 드래그하면 별이 생성된다. 별 모양을 만들 때 드래그하면서 ↑를 누르면 포인트가 늘어나고, ↓를 누르면 포인트가 줄어든다.

플레어 툴 _ 플레어 툴(Flare tool)은 자연광 효과를 더하여 반짝이는 질감을 표현하고자 할 때 사용한다.

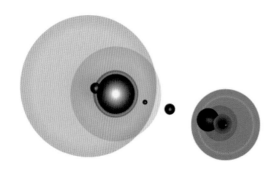

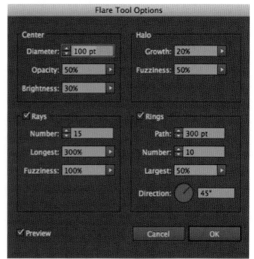

라인·곡선·나선·그리드 툴

✏ 라인 툴 _ 라인 툴(Line segment tool)은 직선을 그려 준다. 마우스 왼쪽 버튼을 클릭하고 드래그해서 직선을 그리면서 Shift를 누르면 수직, 수평, 45도 대각선을 그릴 수 있다.

두께는 [Control] 패널의 [Stroke out]이나 [Stroke] 패널에서 조절할 수 있다.

Tip
라인 툴을 선택하고 도큐먼트를 클릭하면 옵션 상자가 나타난다. 길이와 각도 등을 입력해서 원하는 직선을 만들 수 있다.

여러 모양, 굵기의 라인을 설정할 수 있다.

곡선 툴 _ 곡선 툴(Arc tool)은 원호를 그려
준다. 도큐먼트를 클릭하고 드래그하면서 ↑
+↓를 누르면 곡선의 [Slope]를 조절하여 곡
선을 그릴 수 있다.

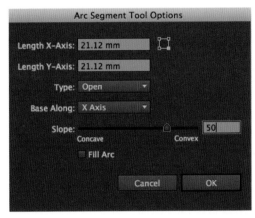

나선형 툴 _ 나선형 툴(Spiral tool)은 소용
돌이 모양의 오브젝트를 만드는 툴이다. 도큐
먼트를 클릭하고 드래그하면서 ↑+↓를 누
르면 나선의 값을 조절할 수 있다.

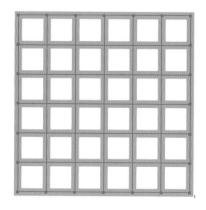

■ 사각 그리드 툴 _ 사각 그리드 툴(Rectangle grid tool)은 사각 오브젝트에 그리드 라인을 그려 준다. 도큐먼트를 클릭하고 드래그하면서 ↑+⬚를 누르면 가로선이 추가되거나 삭제되고, ◁+◁를 누르면 세로선이 추가되거나 삭제된다. X+C를 누르면 왼쪽이나 오른쪽으로 F+V를 누르면 위아래로 라인의 간격이 변한다.

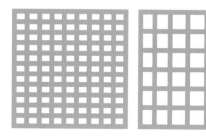

■ 원형 그리드 툴 _ 원형 그리드 툴(Polar grid tool)은 방사선 형태로 분할해 준다. 도큐먼트를 클릭하고 드래그하면서 ↑+⬚를 누르면 동심원 그리드 개수가 추가되거나 삭제되고, ◁+◁를 누르면 방사형 그리드 개수가 추가 또는 삭제된다.

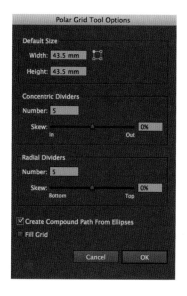

펜 툴

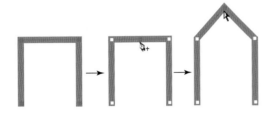

포인트 추가 툴 _ 포인트 추가 툴(Add Anchor Point Tool)은 필요한 포인트를 추가할 때 사용한다. 패스 위에 포인트 추가 툴을 클릭하면 자동으로 포인트가 추가된다. 추가된 포인트를 직접 선택 툴로 이동시키면 오브젝트 모양이 변한다.

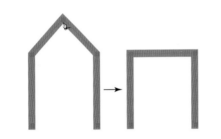

포인트 삭제 툴 _ 포인트 삭제 툴(Delete Anchor Point Tool)은 포인트를 삭제할 때 사용한다. 필요 없는 포인트를 클릭하면 포인트가 삭제된다.

변환 툴 _ 변환 툴(Convert Anchor Point Tool)로 포인트를 클릭 드래그하면 직선에 핸들이 추가되어 곡선이 만들어지고, 포인트를 클릭하면 곡선의 핸들이 삭제되어 직선으로 만들어 진다.

핸들이 있는 곡선은 포인트를 클릭하면 직선으로 바뀐다. 직선을 곡선으로 만들 때는 포인트를 클릭하고 드래그하면 핸들이 만들어져서 곡선으로 바뀐다.

펜 툴 활용하기 Tip

펜 툴 ✏️은 원하는 형태를 직선이나 곡선을 이용하여 그려 준다. 일러스트레이터에서 원하는 형태의 오브젝트를 만들 때 가장 많이 사용된다.

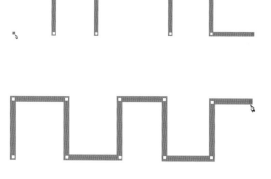

직선 그리기

직선은 클릭만으로도 쉽게 그릴 수 있다. 마우스 왼쪽 버튼을 연속적으로 클릭하면 직선을 만들 수 있다.

Tip
Shift 를 누른 채 클릭하면 수직, 수평, 45도의 직선을 그릴 수 있다.

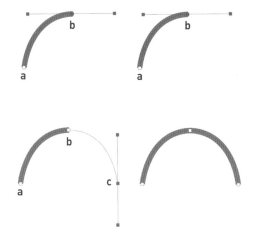

곡선 그리기

1 곡선을 만들기 위해 **a**지점을 클릭한 후 드래그해 준다. 이렇게 만들어진 곡선은 핸들이 생성되며 이 핸들로 곡선의 방향을 수정할 수 있다.

2 **b**지점에 펜 툴 ✏️로 포인트 점을 클릭하여 하나의 핸들을 끊어 준다.

Tip
곡선마다 핸들을 만들어 수정을 용이하게 한다.

3 다시 **c**지점을 클릭하고 드래그하여 곡선을 그려 준다.

문자 툴

ABCDEFGHIJKLMNOP

■ 문자 툴 _ 문자 툴(Type Tool)은 가로 문자를 입력할 때 사용한다. Fill과 Stroke 컬러를 지정할 수 있다.

[Window] – [Type] – [Character]에서 서체의 종류, 서체의 크기, 글줄의 높이, 자간의 너비 등을 설정할 수 있다.

■ 세로 문자 툴 _ 세로 문자 툴(Vertical Type Tool)은 문자를 세로로 입력할 때 사용한다. Fill과 Stroke 컬러를 지정할 수 있다.

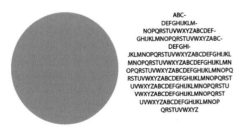

■ 영역 문자 툴 _ 영역 문자 툴(Area Type Tool)은 그려진 오브젝트 안에 문자를 입력할 때 사용한다. 원형 오브젝트를 그리고 선택한 후 영역 문자 툴을 선택하고 오브젝트를 클릭한다.

세로 영역 문자 툴 _ 세로 영역 문자 툴 (Vertical Area Type Tool)은 그려진 오브젝트 안에 문자를 세로로 입력해 준다. 사용방법은 영역 문자 툴과 동일하다.

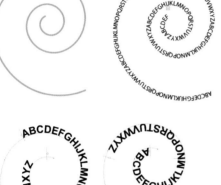

패스 문자 툴 _ 패스 문자 툴(Type on a Path Tool)은 패스를 따라 문자를 입력해 준다.

패스 라인에 마우스를 대면 ▲ 모양이 생기는데 이것을 클릭하고 드래그하면 패스 바깥 부분에 입력되어 있는 문자가 패스 안쪽으로 이동한다.

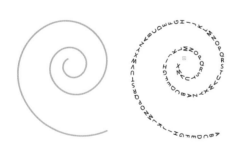

세로 패스 문자 툴 _ 세로 패스 문자 툴 (Vertical Type on a Path Tool)은 패스를 따라 문자를 세로로 입력해 준다. 사용 방법은 패스 문자 툴과 동일하다.

Tip
컴퓨터마다 서체 환경이 다르기 때문에 출력할 때는 항상 서체에 [Type] – [Create Outlines] 기능을 적용해야 한다. 문자를 오브젝트로 변환시켜야 원하는 문자로 출력이 가능하기 때문이다.
단, [Create Outlines] 기능을 적용하면 더 이상 문자 속성이 아니게 되므로 문자 편집을 할 수 없게 된다.

■ 연필 툴 _ 연필 툴(Pencil Tool)은 마우스를 드래그하는 대로 패스를 만들어 준다. 연필 툴로 오브젝트를 그리고 직접 선택 툴을 이용하여 부분적으로 수정하면 된다.

■ 곡면 툴 _ 곡면 툴(Smooth Tool)은 기존의 패스를 부드럽게 만들어 준다. 마우스 왼쪽 버튼으로 기존의 패스를 드래그하면 패스가 자연스러워진다.

■ 패스 지우개 툴 _ 패스 지우개 툴(Path Eraser Tool)은 드래그하는 부분을 바로 삭제할 때 사용한다.

수정 및 자르기 툴

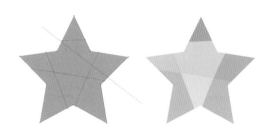

지우개 툴 _ 지우개 툴(Eraser Tool)은 드래그한 영역을 지워 준다.

가위 툴 _ 가위 툴(Scissors Tool)은 오브젝트를 자르는 데 사용된다. 하나의 포인트를 클릭하고 분리하고자 하는 포인트를 클릭하면 오브젝트가 분리된다.

나이프 툴 _ 나이프 툴(Knife Tool)은 드래그하는 방향대로 오브젝트를 분리시켜 준다. 이때 오브젝트를 완전히 지나치게 드래그해야 제대로 분리시킬 수 있다.

변형 툴

회전 툴 _ 회전 툴(Rotate Tool)은 오브젝트를 원하는 각도만큼 회전시켜 준다. 회전 툴을 더블 클릭하면 옵션 상자가 나타나는데 [Angle]에 원하는 회전 각도를 입력하고 [OK] 버튼을 누르면 회전이 되고, [Copy] 버튼을 누르면 복사된 오브젝트가 회전된 형태로 생성된다.

반사 툴 _ 반사 툴(Reflect Tool)은 선택한 오브젝트를 대칭으로 반사시키거나 복제시켜 준다. 반사 툴의 사용법은 회전 툴과 동일하다.

　오브젝트를 클릭하고 반사 툴을 선택하고 고정을 이동하여 중심축을 만들고 반사시키면서 Alt 를 누르면 반사된 오브젝트가 복제된다.

　옵션 상자에서 수직·수평 방향을 체크하고 원하는 각도 수치를 입력하면 오브젝트를 반사시킬 수 있다. [OK] 버튼을 누르면 오브젝트가 반사되고, [Copy] 버튼을 누르면 복사된 오브젝트가 반사된 형태로 생성된다.

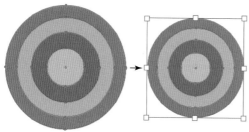

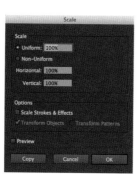

스케일 툴 _ 스케일 툴(Scale Tool)은 오브젝트의 크기를 변경시켜 준다. 오브젝트를 확대·축소할 때 Shift를 누르고 드래그하면 가로세로 비율을 정비례로 확대하거나 축소할 수 있다.

스케일 툴을 더블 클릭하면 옵션 상자가 생성되며 여기에 정확한 수치를 입력하여 확대·축소된 오브젝트를 만들 수 있다.

기울기 툴 _ 기울기 툴(Shear Tool)은 오브젝트를 상하좌우 방향으로 기울여 준다.

형태 조절 툴 _ 형태 조절 툴(Reshape Tool)은 선택된 포인트를 움직여서 형태를 조절해 준다. 이때 선택하지 않은 포인트는 고정되어 있으며 선택된 포인트를 드래그해서 형태를 변형할 수 있다.

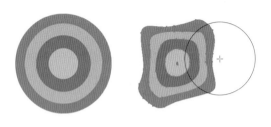

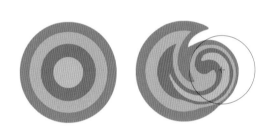

폭 툴 _ 폭 툴(Width Tool)은 선의 넓이를 임의대로 조절해 준다. 오브젝트의 패스를 클릭하고 드래그하면 원하는 폭만큼 선의 넓이를 변형할 수 있다.

변형 툴 _ 변형 툴(Warp Tool)은 드래그하는 방향으로 오브젝트를 휘게 만들어 준다. 손가락으로 누르듯이 드래그하면 오브젝트가 원하는 방향으로 변형된다.

돌리기 툴 _ 돌리기 툴(Twirl Tool)은 적용하는 부분을 회전시키듯 변형시켜 준다. 클릭하거나 클릭해서 드래그하는 정도에 따라 회전 변형을 적용할 수 있다.

오목 툴 _ 오목 툴(Pucker Tool)은 선택한 오브젝트를 오목하게 변형시켜 준다.

볼록 툴 _ 볼록 툴(Bloat Tool)은 선택한 오브젝트를 볼록하게 변형시켜 준다.

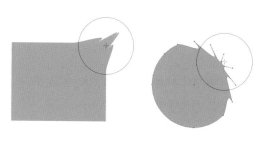

■ 조개 툴 _ 조개 툴(Scallop Tool)은 포인트를 중심으로 모아 준다.

■ 수정화 툴 _ 수정화 툴(Crystallize Tool)은 오브젝트를 뾰족한 모양으로 변형시켜 준다.

■ 주름 툴 _ 주름 툴(Wrinkle Tool)은 오브젝트를 주름진 모양으로 변형시켜 준다.

■ 자유 변형 툴 _ 자유 변형 툴(Free Transform Tool)은 오브젝트를 확대·축소하거나 회전·기울기 등을 변형시켜 준다. Ctrl 을 누르면 한 점만 이동한다.

Ctrl + Alt 를 누르면 중심축을 기준으로 변형된다. Ctrl + Shift 를 누르면 일정한 비율로 변형된다.

정렬 툴

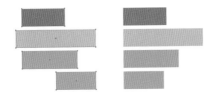

▦Horizontal Align Left _ 선택된 오브젝트를
왼쪽으로 정렬시켜 준다.

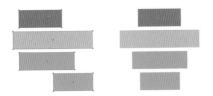

▦Horizontal Align Center _ 선택된 오브젝
트를 중앙으로 정렬시켜 준다.

▦Horizontal Align Right _ 선택된 오브젝트
를 오른쪽으로 정렬시켜 준다.

▦Vertical Align Top _ 선택된 오브젝트를 맨
위를 기준으로 정렬시켜 준다.

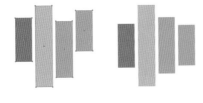

▦Vertical Align Center _ 선택된 오브젝트를
수직으로 중앙 정렬시켜 준다.

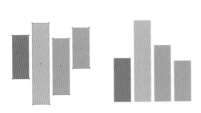

▦Vertical Align Bottom _ 선택된 오브젝트
를 맨아래를 기준으로 정렬시켜 준다.

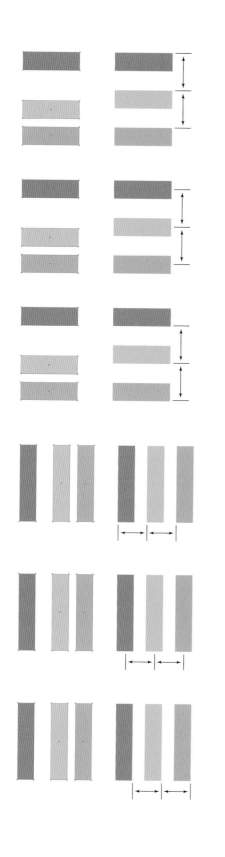

📊 Vertical Distribute Top _ 선택된 오브젝트의 위를 기준으로 간격을 같게 해 준다.

📊 Vertical Distribute Center _ 선택된 오브젝트의 중앙을 기준으로 간격을 같게 해 준다.

📊 Vertical Distribute Bottom _ 선택된 오브젝트의 아래를 기준으로 간격을 같게 해 준다.

📊 Horizontal Distribute Left _ 선택된 오브젝트의 맨좌측을 기준으로 간격을 같게 해 준다.

📊 Horizontal Distribute Center _ 선택된 오브젝트의 중심을 기준으로 간격을 같게 해 준다.

📊 Horizontal Distribute Right _ 선택된 오브젝트의 오른쪽 기준으로 간격을 같게 해 준다.

Week 3
일러스트레이터로 도식화 그리기

학습목표
도식화를 위한 프로세스를 익히고, 도식화 패턴을 적용하는 방법을
살펴본다.

티셔츠 도식화 그리기

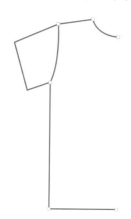

1 펜 툴 을 선택하고 티셔츠 모양을 그려 준다. 티셔츠의 반을 그린 후 선택 도구 로 전체를 드래그하여 선택한다.

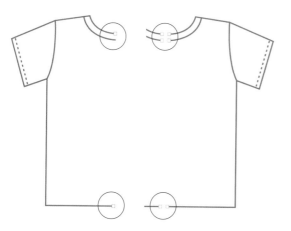

2 툴 박스에서 반사 툴 을 선택하고 [Alt]를 누르면서 반사시켜 준다.

3 패스(Path)가 연결될 수 있도록 직접 선 택 툴 로 포인트를 선택하고 [Object] -[Path]-[Join]으로 2개의 포인트를 연결 시켜 준다.

도식화 그리기 연습

도식화 작업은 디자인을 이해하고 효율적인 생산을 위해 중요한 과정이다. 일러스트레이터를 이용하면 좌우대칭을 활용한 도식화로 패턴을 적용할 수 있다.

펜 툴 ✐을 이용하여 도식화의 라인을 따라 그려 보자. 라인을 그릴 때는 Fill 컬러에 색이 없는 모드로 작업하는 것이 좋다. 도식화 정렬은 [Object] – [Arrange]로 할 수 있다.

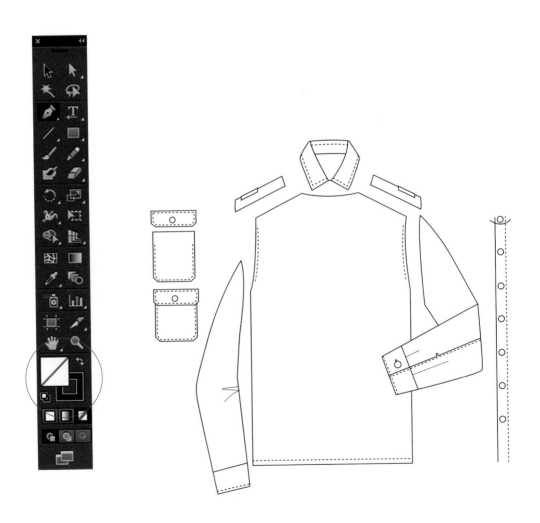

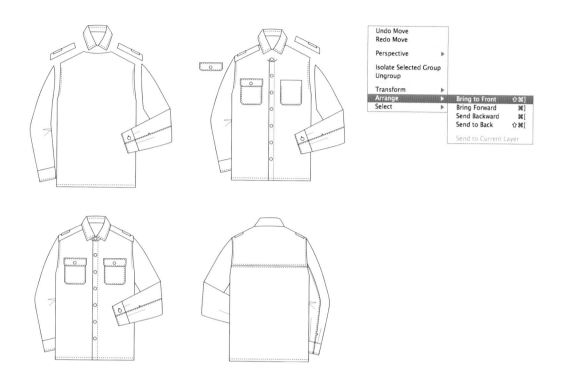

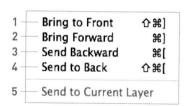

Tip

[Arrange]는 오브젝트를 배열할 때
쓰인다.

1	Bring to Front	⇧⌘]
2	Bring Forward	⌘]
3	Send Backward	⌘[
4	Send to Back	⇧⌘[
5	Send to Current Layer	

1 Bring to Front 선택한 오브젝트를 맨위로 이동시킨다.

2 Bring Forward 선택한 오브젝트를 한 단계 위로 이동시킨다.

3 Send Backward 선택한 오브젝트를 한 단계 뒤로 이동시킨다.

4 Send to Back 선택한 오브젝트를 맨뒤로 이동시킨다.

5 Send to Current Layer 선택된 레이어로 오브젝트를 이동시킨다.

맨뒤로 보내는 단축키 : Shift + Ctrl + [[]

맨앞으로 보내는 단축키 : Shift + Ctrl + []]

오브젝트를 한 단계 뒤로 보내는 단축키 : Ctrl + [[]

오브젝트를 한 단계 앞으로 보내는 단축키 : Ctrl + []]

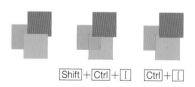

Shift + Ctrl + [[]   Ctrl + [[]

Group 여러 오브젝트를 하나의 그룹으로 만들어 준다. 단축키 Ctrl + G 를
이용하면 편리하다. 그룹화되어 있는 오브젝트를 부분적으로 수정할 때에는
▶￼를 선택하고 부분 수정을 하면 편리하다.

Ungroup 그룹을 해지한다. 단축키 Shift + Ctrl + G 를 이용하면 편리하다.

도식화 예제

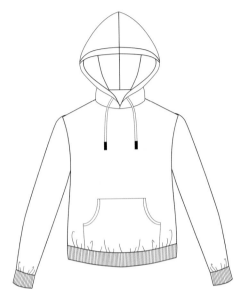 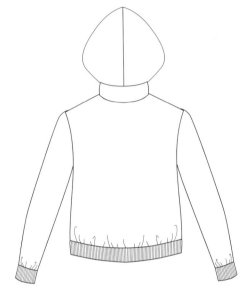

후드티

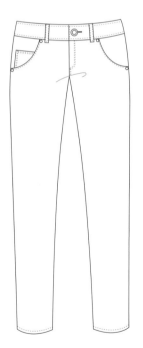 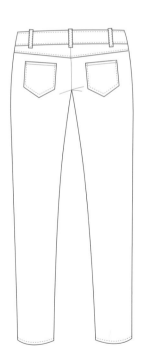

바지

블라우스

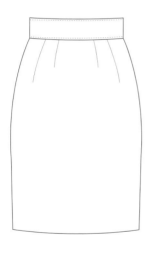

치마

코트

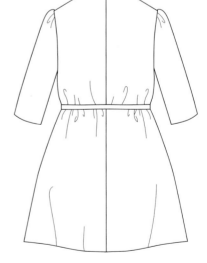

원피스

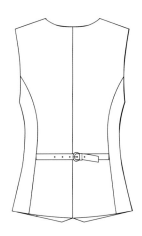

조끼

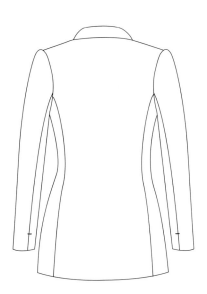

재킷

WEEK 4
일러스트레이터로 캐릭터 티셔츠 그리기

학습목표

도형 툴, 펜 툴을 이용하여 캐릭터를 만들고 선택 툴을 이용하여
티셔츠를 만들어 본다.

캐릭터 만들기

일러스트레이터에서는 다양한 도형을 이용하여 새로운 오브젝트를 만들 수 있다. 도형 툴을 이용하여 오브젝트를 만들고, 선택 툴 ▣ 을 이용하여 캐릭터를 만들어 보자. 선택 툴 ▣ 은 오브젝트를 변형·편집하는 기능을 한다.

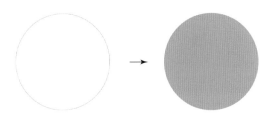

1 도큐먼트를 만들고 툴 박스에서 원형 툴 ◉ 을 선택한 후 드래그하면서 Shift 를 눌러 정원을 만든다. 스와치 팔레트에서 노랑을 선택하여 오브젝트의 면 색상을 적용한다.

Tip

Alt 를 누르고 드래그하면 중심부터 원이 생기고, Shift + Alt 를 누르고 드래그하면 중심부터 정원이 생성된다.
원형 툴을 선택하고 도큐먼트를 클릭하면 옵션 상자에 Width, Height를 입력하여 원하는 크기의 원을 만들 수 있다.

2 캐릭터의 반대쪽 귀를 만들기 위해 한쪽 귀를 선택한 후 Alt 를 누르고 드래그하여 오브젝트를 복사·이동시킨다. 이때 Shift 를 같이 누르면 수평으로 복사된다.

Tip

오브젝트를 이동할 때 Shift 를 누르고 드래그하면 수평, 수직, 45도 방향으로 이동한다.

3 3개의 원형 오브젝트를 전부 선택하고 [Pathfinder]에서 ▣ 를 클릭하여 오브젝트를 합쳐 준다.

4 귀 안쪽면을 만들어 준다. 반대편 귀를 만들기 위해 오브젝트를 선택하고 반사 툴을 이용해서 대칭으로 복제한다.

5 원형 툴을 이용하여 눈, 코를 만들어 준다.

6 원형 툴로 볼터치를 만들어 준다. 볼 부분의 원을 선택하고 [Effect] - [Blur] - [Gaussian Blur]를 클릭하여 자연스럽게 처리한다.

응용 과제

앞서 배운 것을 응용하여 다음과 같은 캐릭터를 만들어 보자.

패스파인더 활용하기 Tip

패스파인더를 활용하면 도형을 연결해서 오브젝트를 만들 수 있다. 패스파인더 패널에서 오브젝트를 연결하는 방법은 다음과 같다.

Unite _ 겹쳐 있는 오브젝트를 하나의 오브젝트로 합친다.

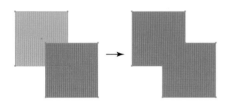

Alt 를 누르고 두 도형을 연결하면 원본 도형이 보존된다.

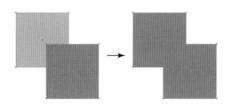

Minus front _ 아래에 위치한 오브젝트에서 겹쳐진 부분을 제외한 나머지 오브젝트만 남게 한다.

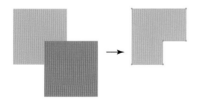

Intersect _ 오브젝트의 겹쳐 있는 부분만 남게 한다.

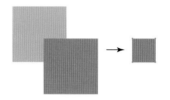

Exclude _ 오브젝트의 겹쳐 있는 부분만 없앤다.

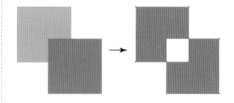

Divide _ 겹쳐 있는 부분이 각각의 오브젝트로 나누어지게 한다.

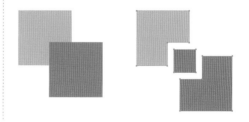

■ Trim _ 겹쳐 있는 오브젝트 중에 교차되는 아랫부분은 삭제되고 부분만 남게 한다.

오브젝트의 색상이 같은 경우에는 오브젝트를 합쳐 준다.

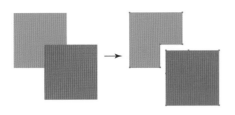

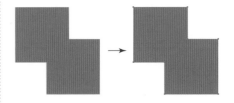

■ Crop _ 맨위의 오브젝트와 교차되는 부분만 남게 한다.

■ Outline _ 오브젝트를 외곽선으로 만들어 분할한다.

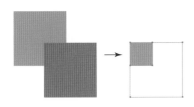

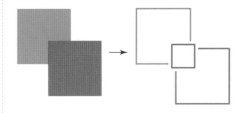

■ Merge _ 오브젝트의 색상이 다른 경우에는 Trim 기능과 비슷한 기능을 한다.

■ Minus Back _ 맨위에 위치한 오브젝트에서 겹쳐 있는 부분을 제외한 나머지 오브젝트만 남게 한다.

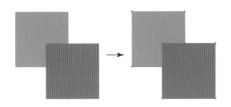

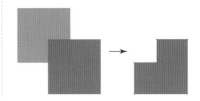

캐릭터 티셔츠의 예제

WEEK 5
일러스트레이터로 색상 패턴 적용하기

학습목표
오브젝트의 Fill과 Stroke에 컬러와 패턴을 적용하는 방법을 익혀 본다.

색상 패턴의 적용

모든 오브젝트는 Fill과 Stroke로 구분된다. 오브젝트 안을 채우는 컬러가 Fill이고 테두리의 두께를 표시해 주는 부분이 Stroke, 즉 선색이다.

선택 도구 툴로 오브젝트를 선택한 후 원하는 색상으로 바꾼다. 도구 상자에서 Fill과 Stroke를 원하는 색상으로 적용한다.

오브젝트의 패턴은 선택 도구 툴로 오브젝트를 선택한 후 스와치 팔레트에서 패턴을 선택하면 적용할 수 있다.

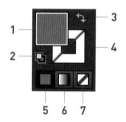

Tip
Fill · Stroke 도구 상자의 구성

1　Fill 상자
2　Fill · Stroke 기본 설정 버튼
3　Swap Fill · Stroke
4　Stroke 상자
5　Color 버튼
6　Gradient 버튼
7　None 버튼

컬러 컨트롤 활용하기 (Tip)

Fill

일러스트레이터에서 만든 오브젝트는 Fill과 Stroke 설정을 적용할 수 있다. Fill 부분을 클릭한 후 Fill 상자가 정면에 나와 있는 것이 기본 설정이다. [Colors]나 [Swatches] 패널을 이용하여 색상을 적용하면 Fill 색상이 변경된다.

Stroke

Stroke 상자를 클릭하면 Fill 상자 위로 Stroke 상자가 앞으로 올라온다. 색상을 적용하면 Stroke 색상이 변경된다. Stroke 패널에서 두께 지정이 가능하다.

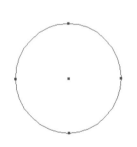

None

None 버튼(붉은색의 사선)을 누르면 색상이 지정되지 않은 상태, 즉 투명으로 설정된다.

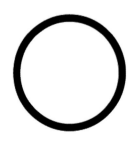

Default Fill과 Stroke

Fill과 Stroke를 기본 색상으로 변환시켜 준다.

컬러 패널 활용하기 (Tip)

컬러 패널의 구성

1 Fill
2 Stroke
3 None
4 컬러값
5 컬러 슬라이더
6 컬러 스펙트럼 바

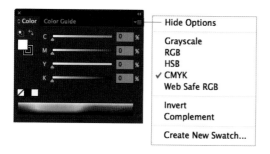

컬러 패널의 사용 방법

1 컬러 패널에는 현재 선택한 오브젝트의 Fill 과 Stroke 컬러가 표시된다.

 컬러 스펙트럼 바에서 원하는 색상을 선 택하거나 컬러값을 입력해서 원하는 색상 을 선택한다.

Tip
컬러 패널 아이콘█이 작업 영역창에 보이지 않는 다면, 윈도에서 컬러 패널을 선택하면 된다.

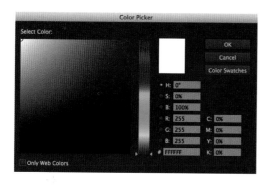

2 컬러 패널 메뉴에서 Grayscale, CMYK, RGB를 설정해 준다.

 툴 패널에서 Fill 상자를 더블 클릭해서 [Color Picker]를 열어 준다.

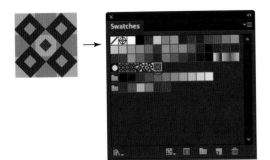

3 도형을 이용하여 하나의 오브젝트를 만든다. 오브젝트를 선택 툴  로 스와치 패널로 드래그하면 패턴으로 등록된다.

4 사각형 툴 을 이용하여 사각형을 그리고 오브젝트를 선택한 후 스와치 팔레트에서 패턴을 선택하여 적용한다.

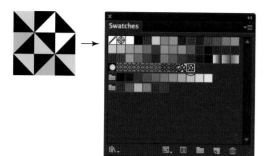

5 도형을 이용하여 하나의 오브젝트를 만든다.
오브젝트를 선택 툴 로 스와치 패널로
드래그하면 패턴으로 등록된다.

사각형을 그리고 오브젝트를 선택한 후
스와치 팔레트에서 패턴을 선택하여 적용
한다.

6 오브젝트를 클릭하고 도구 툴에서 스케일
툴 을 더블 클릭하면 위와 같은 대화 상
자가 나타난다. 스케일 변형 크기값을 입력
하고 오브젝트 크기와 패턴의 크기를 선택
해서 조절할 수 있다.

WEEK 6
일러스트레이터의 패턴디자인 개념 이해하기

학습목표
리피트의 개념과 배열 방법에 관해 알아본다.

리피트의 이해

리피트(Repeat)는 날염(Printing)에 의하여 직물상에 반복되는 패턴의 최소 단위를 말하며, 패턴이 상하좌우로 연결되어 프린트되도록 디자인을 전개하는 방법이다.

패턴디자인은 리피트의 디자인 크기와 배열 방법에 따라 달라진다. 리피트는 텍스타일디자인에서 꼭 필요한 것으로, 가장 많이 사용되는 것은 스퀘어 리피트(Square Repeat)와 하프 드롭 리피트(Half Drop Repeat)이다.

리피트의 종류

스퀘어 리피트 _ 하프 드롭 리피트가 아닌 디자인은 대개 스퀘어 리피트 패턴 방식으로 만들어진다. 이것은 상하좌우 무늬가 어긋나지 않고 바둑판형으로 연결되는 패턴이다. 일정하고 규칙적인 배열로 단조롭고 일률적이며 다소 딱딱한 느낌을 주므로 자연물을 모티프로 한 디자인보다는 기하학, 체크, 스트라이프 등 일정하고 규칙적인 디자인에 적합하다.

원 리피트(One Repeat)

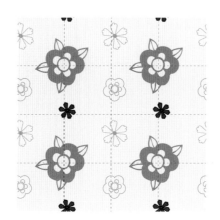

하프 드롭 리피트 _ 하프 드롭 리피트 패턴은 상하 가로변끼리 무늬를 연결시키고, 좌우 세로변은 디자인의 크기의 절반으로 나누어거나 1/2, 1/3, 1/4, 3/4로 나누어 대각선 방향의 세로변 무늬와 연결시키는 패턴이다. 패턴 배열에 따라 1/2, 1/3, 1/4, 3/4드롭 등이 있으나, 1/2드롭이 가장 많이 사용되고 있다. 자연스럽고 유동적인 디자인 구성이 가능해서 플라워 패턴이나 자연스러운 모티프 형태의 텍스타일 디자인 제작에 적합하다.

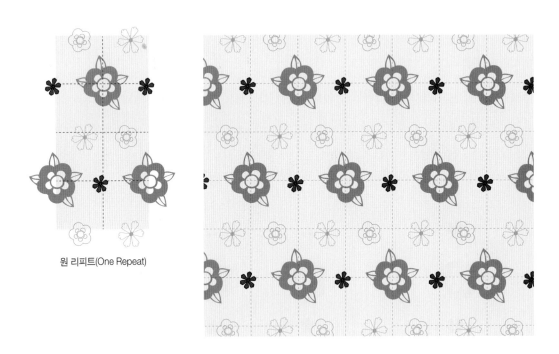

원 리피트(One Repeat)

리피트 제작하기

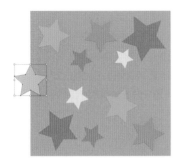

1 5×5cm의 사각형을 그리고 별 툴 ★을 선택해서 다양한 크기의 별을 배치해 준다.

2 사각형 선에 걸쳐 별을 클릭하고 [Object]-[Transform]-[Move]를 클릭하여 가로로 5cm 이동시킨다.

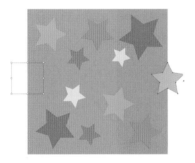

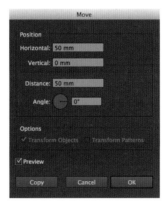

Tip
이때 [OK]가 아니라 [Copy]를 클릭해야 오브젝트가 복사된다.

3 사각형을 맨뒤에 배치하고 Fill과 Stroke 컬러를 투명으로 만든 후 전체 오브젝트를 선택한다. 스와치 패널에 드래그해서 패턴으로 등록한다.

4 사각형을 그리고 Fill 컬러를 패턴에 적용시
킨다.

Tip
사각형 안 패턴의 크기도 조절할 수 있다.
[Transform Objects]를 체크하면 오브젝트의 크기
가 바뀌고, 체크하지 않으면 오브젝트는 그대로이며
패턴의 크기가 바뀐다.

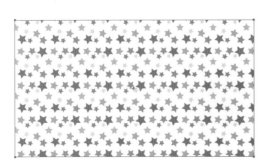

일러스트레이터 CS 6으로 패턴 만들기

1 다각형 툴■을 이용하여 육각형 오브젝트를 그리고 라인 툴■로 포인트를 연결하여 그려 준다.

2 전체 오브젝트를 선택하여 [Pathfinder]-[Divide]■를 선택해 준다.

3 그룹 선택 툴■로 선택하여 색상을 변경해 준다.

4 오브젝트를 전체 선택하고 [Object]-[Pattern]-[Make]를 클릭한다.
　이때 미리보기처럼 전체 패턴을 적용한 모습을 확인할 수 있다.

패턴 옵션 활용하기 (Tip)

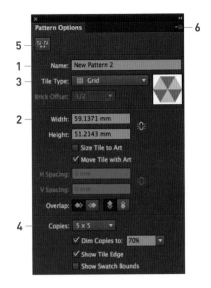

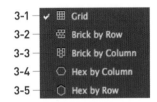

1 **Name** 패턴의 이름을 입력한다.
2 **Width, Height** 수치 입력으로 크기를 조절할 수 있다.
3 **Tile Type** 패턴 적용을 다양하게 할 수 있다.

3-1 ✔ ⊞ Grid
3-2 — ⊞ Brick by Row
3-3 — ⊞ Brick by Column
3-4 — ⬡ Hex by Column
3-5 — ⬡ Hex by Row

3-1 **Grid** 패턴을 바둑판 모양으로 만든다.

3-2 **Brick by Row** 벽돌을 쌓듯이 행을 엇갈리게 만든다.

3-3 Brick by Column 벽돌을 쌓듯이 열을 엇갈리게 만든다.

3-4 Hex by Column 육각형 모양으로 적용된다.

3-5 Hex by Row 열이 육각형 모양으로 적용된다.

4 Copies 1×1, 3×3, 5×5, 7×7… 가로세로로 3개, 5개씩 패턴이 적용된다.

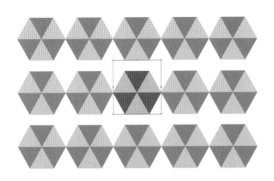

5 Pattern Tile Tool 패턴과 패턴 사이를 조절한다. ▦을 클릭하면 원래의 오브젝트에 패스가 생기는데 여기에서 부분 포인트를 움직여서 간격을 조절할 수 있다.

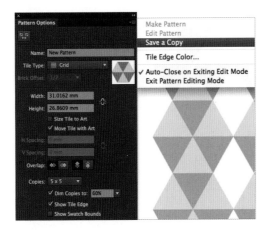

6 패턴 작업 진행 중 패턴 저장하기 [Save a Copy]를 클릭하여 스와치에 패턴을 추가로 등록할 수 있다.

WEEK 7
일러스트레이터로 도트 패턴 만들기

학습목표
원의 크기와 컬러, 리피트의 응용으로 다양한 디자인을 전개해 본다.

도트 패턴 만들기

도트 패턴(Dot Pattern)은 원을 이용하여 만든 패턴으로 원의 크기와 원의 컬러, 리피트의 차이 만으로 다양한 디자인 제작이 가능하다. 이 패턴은 유행을 타지 않으면서 활용도가 높다. 전개 방식은 스퀘어 드롭 배열 방식이 가장 적당하다.

1 도형 툴을 이용하여 하나의 오브젝트를 만들고 원 리피트를 만든다.

　선택 툴 을 이용하여 오브젝트를 스와치 패널로 드래그하면 패턴으로 등록된다.

2 사각형 툴 을 선택한 후 사각형을 그리고 Fill 컬러를 적용시키면 패턴이 적용된다.

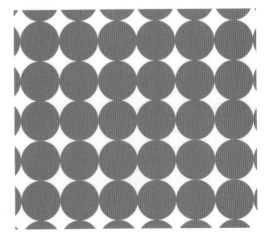

3 원형 툴 과 사각형 툴 을 이용하여 오 브젝트를 만들어 원 리피트를 완성한다. 오브젝트를 선택 툴 로 스와치 패널로 드래그하면 패턴으로 등록된다.

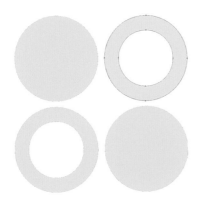

4 원형 툴 로 원을 그리고 패스파인더 를 적용하여 오브젝트를 만들어 준다.

5 원 오브젝트를 선택하고 Fill 컬러를 적용시 키면 패턴이 적용된다. 이때 [Scale]을 이용 해서 패턴의 크기를 변경할 수 있다.

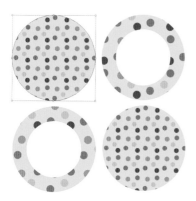

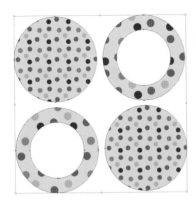

6 오브젝트를 선택 툴 로 스와치 패널로 드래그하면 패턴으로 등록되는데 이미 등록된 패턴은 추가로 등록되지 않으므로 [Object] – [Expand]를 적용한 후 패턴으로 등록하면 된다.

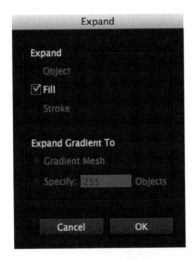

7 사각형 툴 █을 선택한 후 사각형 오브젝트를 그리고 Fill 컬러를 적용시키면 패턴이 적용된다.

도트 패턴의 예제

WEEK 8
일러스트레이터로 스트라이프와 체크
패턴 만들기

학습목표
배치 방향과 굵기, 간격, 색채의 변화로 다양한 스트라이프와
체크 패턴디자인을 전개해 본다.

스트라이프 패턴 만들기

스트라이프 패턴(Stripe Pattern)은 줄무늬로 이루어져 있다. 이 패턴의 가장 큰 특징은 심플함과 세련미이다.

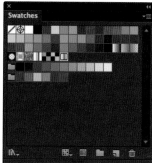

1 사각형 툴■을 이용하여 세로 줄무늬를 드래그해서 오브젝트를 만들고 Fill 색상을 적용시킨다.

다양한 컬러와 굵기의 스트라이프 패턴 오브젝트를 만든다.

오브젝트를 선택 툴▨로 선택한 후 스와치 패널로 드래그하면 패턴으로 등록된다.

2 사각형 툴■을 선택한 후 사각형을 그리고 Fill 컬러를 적용시키면 패턴이 적용된다.

스트라이프 패턴의 예제

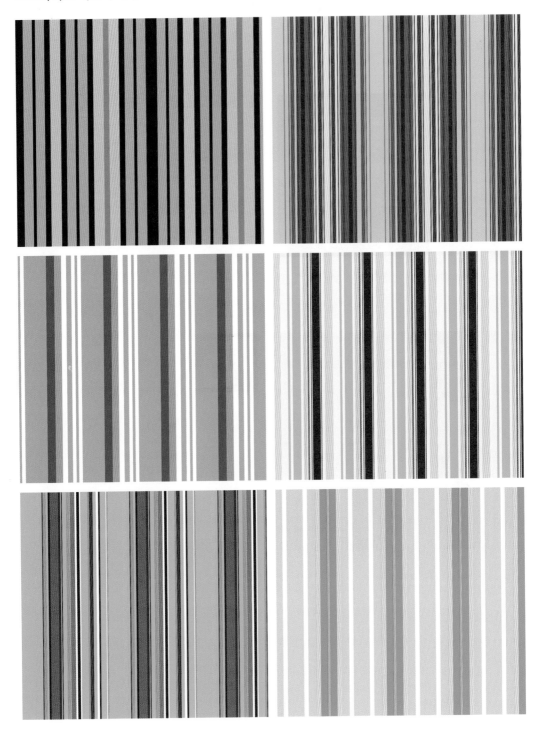

체크 패턴 만들기

체크 패턴(Check Pattern)은 가로줄과 세로줄이 서로 교차하여 만들어진다. 이때 줄의 간격, 넓이를 달리하면 다양한 체크 패턴을 디자인할 수 있다.

체크 패턴의 종류로는 타탄 체크 패턴, 마드라스 체크 패턴, 하운드 투스 패턴 등이 있다. 이 패턴은 주로 셔츠, 넥타이, 인테리어 소품 등에 다양하게 사용된다.

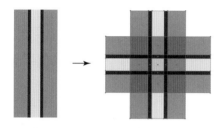

1 사각형 툴■로 하나의 오브젝트를 만든다.

2 줄무늬 모양을 만든 다음 전체 오브젝트를 선택 툴▣로 선택하고 Alt를 눌러 복사한 후 복사된 오브젝트를 90도 회전하여 교차되게 만든다.

3 [Transparancy] – [Multiply]를 선택하면 투명도를 주어 겹치는 효과를 낼 수 있다.
오브젝트를 선택 툴▣로 스와치 패널로 드래그하면 패턴으로 등록된다.

4 사각형 툴■을 선택한 후 사각형을 그리고 Fill 컬러를 적용시키면 패턴이 적용된다.

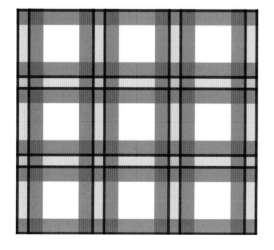

체크 패턴의 예제

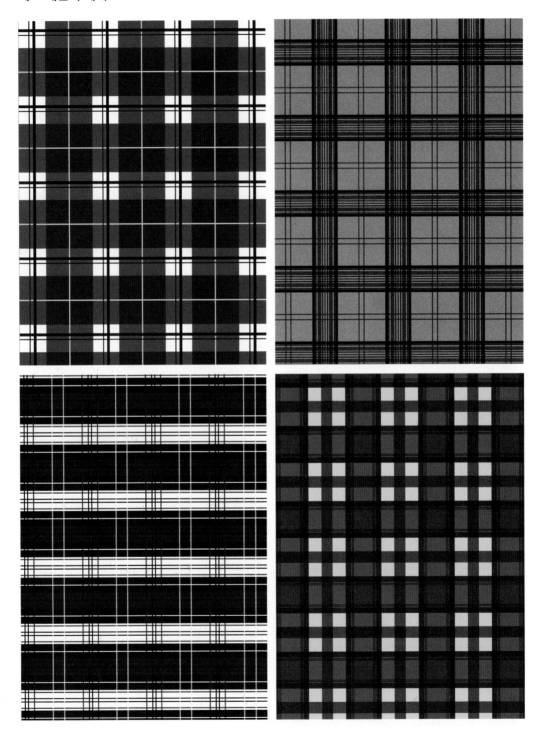

WEEK 9
일러스트레이터로 기하학 패턴 만들기

학습목표
점, 선, 면으로 이루어진 다양한 형태의 기하학 무늬를 이용하여
여러 가지 패턴디자인을 전개해 본다.

기하학 패턴 만들기

기하학 패턴(Geometric Pattern)은 기하학적 발상에 기초하여 만들어진 무늬이다. 자연 무늬나 구상 무늬와 비교했을 때 상대적으로 자나 컴퍼스를 사용하여 그린 것 같은 정연함이 특징이다. 옵티컬 프린트, 물방울, 격자, 지그재그 무늬 등도 이 범위에 속한다.

스트럭처드 패턴

스트럭처드 패턴(Structured Pattern)이란 교묘하게 구성된 무늬란 뜻으로 그래픽적인 지오메트릭 패턴(Geometric Pattern)의 하나이며, 트위드의 슈트감에서 주로 볼 수 있다. 이 패턴은 짜는 방법에 따라서 여러 가지 무늬를 만들어낼 수 있으며 다양한 스타일을 연출할 수 있다.

웨이브 패턴

웨이브 패턴(Wave Pattern)은 연속되는 산형의 무늬이다. 지오메트릭 패턴의 하나로 짜 넣은 무늬가 파도 같은 모양을 이룬다. 흔히 스웨터에서 볼 수 있는 무늬이다. 이 패턴을 만드는 방법은 다음과 같다.

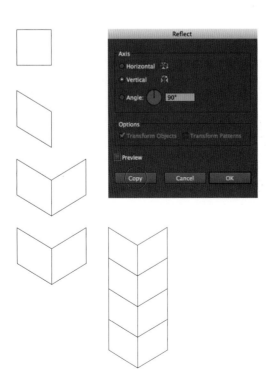

1 사각형 툴 ■을 선택한 후 사각형을 그려 준다. 기울기 툴 ☞을 선택하고 Enter 를 누르면 대화 상자가 나타난다. 기울기를 준 다음 [Object] - [Reflect]를 눌러 준다. [Copy] 버튼을 눌러 다음과 같이 되도록 만든다.

Tip
오브젝트를 모두 선택한 후 Alt 를 누르고 드래그한다. 이때 오브젝트가 복사·이동하는데 Shift 를 같이 누르면 수직으로 이동·복사된다. Ctrl+D 를 누르면 반복 작업으로 오브젝트처럼 만들어진다.

2 오브젝트 색상을 지정해 준다. 검정으로 지정되어 있는 Stroke 컬러를 없애 준다.

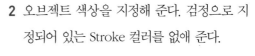

3 텍스타일 무늬를 만들기 위한 최소한의 단위를 만들기 위해 사각형 툴 ▣ 을 선택한 후 사각형을 만들고 Fill과 Stroke를 투명으로 설정한다. 사각형 오브젝트는 [Object]-[Arrange]-[Send to Back]으로 맨뒤로 배치해서 스와치에 드래그하면 패턴으로 등록된다.

4 사각형 툴 ▣ 을 선택한 후 사각형을 그리고 Fill 컬러를 적용시키면 패턴이 적용된다.

기하학 패턴의 예제

WEEK 10
일러스트레이터로 페이즐리 패턴 만들기

학습목표
섬세한 곡선을 지닌 페이즐리 모양으로 페이즐리 패턴디자인을
전개해 본다.

페이즐리 패턴 만들기

페이즐리 패턴(Paisley Pattern)은 다채롭고 섬세한 곡선으로 된 무늬를 가지고 있다. 이 패턴은 의류, 가방, 머플러, 넥타이 등 다양한 패션아이템에 사용되며 전 연령층이 부담 없이 사용할 수 있다.

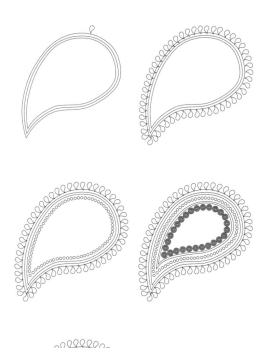

1 펜 툴 을 선택해서 패스 라인을 만들어 준다.

오브젝트가 많아질 때는 부분적으로 그룹을 만들어서 작업하면 편리하다.

Tip

그룹 단축키는 Ctrl+G이고, 그룹 해제 단축키는 Shift+Ctrl+G이다. Shift를 누르고 오브젝트를 하나씩 클릭하면 추가 선택이 가능하고 선택된 오브젝트를 클릭하면 선택이 해제된다.

선택 툴 의 복제 기능

오브젝트를 선택하고 Alt를 누르면 오브젝트가 복제된다. Alt를 누르고 이동하다가 Shift를 누르면 수직·수평으로 복제된다.

Alt를 누르면서 오브젝트를 복사하거나 Ctrl+C를 눌러서 Ctrl+V로 오브젝트를 복사할 수 있다.

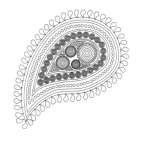

2 펜 툴 을 선택해서 패스 라인을 완성한다. 다양한 모양의 페이즐리에 컬러를 적용한다.

3 사각형 툴 을 선택해서 크기 20×30cm의 사각형을 그린다.

Tip
사각형 툴 을 더블 클릭하면 옵션 상자가 생기는데, 가로세로 크기를 입력해서 사각형 오브젝트를 생성할 수도 있다.

디자인하기 위한 페이즐리의 모티프 오브젝트를 자연스럽게 배치한 후 사각형 선에 걸린 오브젝트를 선택한다.

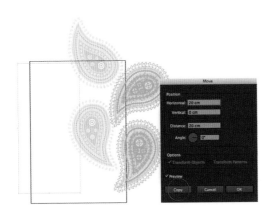

4 오브젝트를 선택한 상태에서 [Object]-[Transform]-[move]를 선택하면 옵션 상자가 생성된다.

　가로세로 수치 입력을 한다. 가로는 사각형 크기만큼 20cm를 입력하고 세로는 0cm를 입력한다.

5 이때 [Preview]를 체크하여 미리 이동할 위치가 맞는지 확인하다.

　오브젝트를 복사하기 위해 [OK] 버튼이 아닌 [Copy] 버튼을 눌러 오브젝트를 이동·복사시킨다.

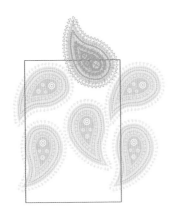

6 사각형 선 바깥으로 겹치는 오브젝트를 선택한다.

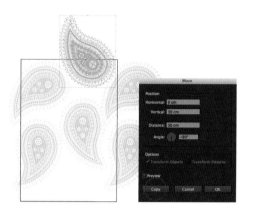

7 오브젝트를 선택한 상태에서 [Object]-[Transform]-[move]를 선택하면 옵션 상자가 생성된다.

가로세로 수치 입력을 한다. 가로는 사각형 크기만큼 가로 0cm를 입력하고 세로는 30cm를 입력한다.

8 이때 [Preview]를 체크하여 미리 이동할 위치가 맞는지 확인하다.

오브젝트를 복사하기 위해 [OK] 버튼이 아닌 [Copy] 버튼을 눌러 오브젝트를 이동·복사시킨다.

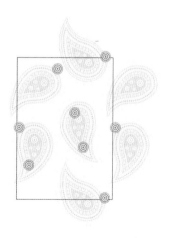

9 원형 툴◉을 선택해서 원 오브젝트를 만들어 위와 동일한 방법으로 [Object]-[Transform]-[move]를 선택하여 오브젝트를 이동·복사시킨다.

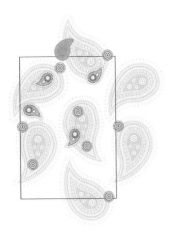

10 오브젝트를 선택한 상태에서 [Object]-[Transform]-[move]를 선택하면 옵션 상자가 생성된다.

가로세로 수치를 입력한다. 가로는 사각형 크기만큼 0cm를 입력하고 세로는 30cm를 입력한다.

이때 [Preview]를 체크하여 미리 이동할 위치가 맞는지 확인한다.

오브젝트를 복사하기 위해 [OK] 버튼이 아닌 [Copy] 버튼을 눌러 오브젝트를 이동·복사시킨다.

11 동일한 방법으로 [Object]-[Transform]-[move]를 선택하고 이동·복사하여 패턴을 만든다.

12 사각형을 페이즐리 모티프 오브젝트 밑 뒤로 정렬한다.

Tip
맨뒤로 보내는 단축키는 Shift+Ctrl+[]이다.

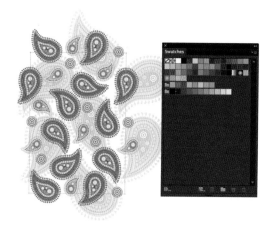

13 사각형 컬러의 Fill과 Stroke, None 버튼을 누르면 색상이 지정되지 않은 상태, 즉 투명으로 설정된다.

　오브젝트를 선택 툴 로 스와치 패널로 드래그하면 패턴으로 등록된다.

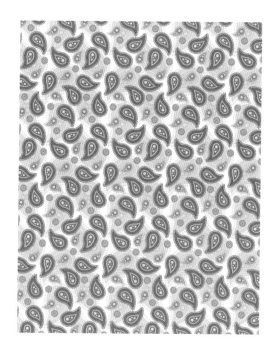

14 사각형 툴 을 선택한 후 사각형을 그리고 Fill 컬러를 적용시키면 패턴이 적용된다.

페이즐리 패턴 예제

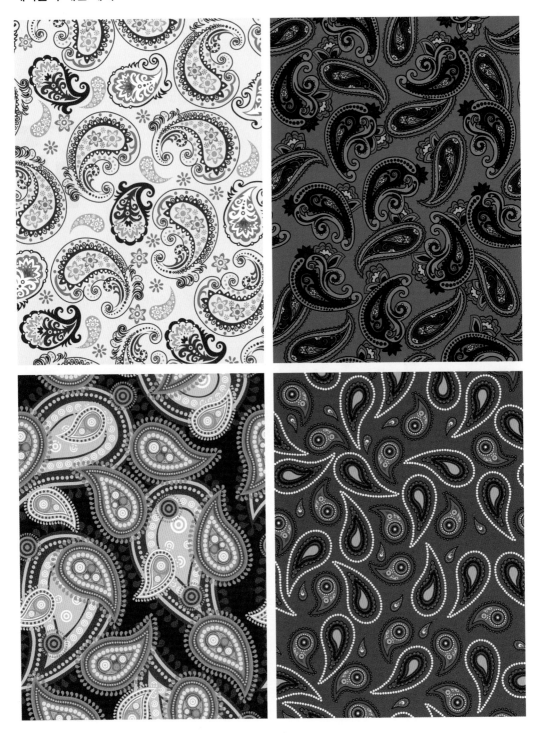

WEEK 11
일러스트레이터로 플로럴 패턴 만들기

학습목표
꽃을 모티프로 하여 꽃의 컬러, 크기, 리피트의 응용으로 다양한
디자인을 전개해 본다.

플로럴 패턴 만들기

플로럴 패턴(Floral Pattern)은 꽃을 모티프로 한 것으로 일반적으로 가장 많이 사용된다. 꽃잎 만으로 패턴을 만들기도 하지만 꽃 외에 가지나 잎을 이용하기도 한다. 꽃을 모티프로 하기 때문에 밝은 배색을 주로 사용한다.

1 연필 툴 ✏️을 이용하여 꽃잎을 그려 준다. Fill 컬러를 지정하여 설정해 준다.

　　원형 툴 ⬤과 사각형 툴 ⬛로 하나의 유닛을 만든 후 회전 툴 🔄을 이용하여 꽃의 수술을 만들어 준다.

Tip

회전 툴(Rotate tool)은 오브젝트를 원하는 각도 만큼 회전시켜 준다. 회전 툴을 더블 클릭하면 옵션 상자가 나타나며 [Angle]에 원하는 회전 각도를 입력하고 [OK] 버튼을 누르면 회전이 되고, [Copy] 버튼을 누르면 복사된 오브젝트가 회전되어 생성된다.

22.5도

직선을 그리고 회전 툴 🔄을 선택한 후 22.5도만큼 회전하면서 [Alt]를 누르면 회전된 직선이 복제된다. [Ctrl]+[D]를 누르면 마지막에 적용된 명령어가 반복된다.

2 꽃잎과 수술 색상을 설정하고 꽃의 크기와 방향을 다양하게 만들어 준다.

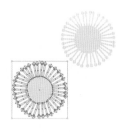

3 사각형 툴 ■을 선택해서 20×30cm 크기의 사각형을 그린다. 사각형 툴 ■을 더블 클릭하면 옵션 상자가 생기는데 가로세로 크기를 입력해서 사각형 오브젝트를 생성할 수도 있다.

플로럴 모티프 오브젝트를 자연스럽게 배치한다. 꽃의 수술을 연한 회색으로 지정하고 여러 크기의 오브젝트를 만들어 준다.

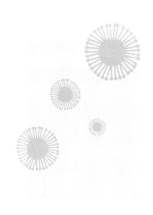

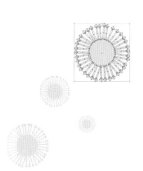

4 사각형 선에 걸린 오브젝트를 선택한다. 오브젝트를 선택한 상태에서 [Object] - [Transform] - [Move]를 선택하면 옵션 상자가 생성된다.

가로는 0cm를 입력하고 세로는 30cm를 입력한다.

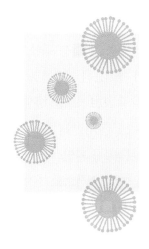

5 이때 [Preview]를 체크하여 미리 이동할 위치가 맞는지 확인하다.

　오브젝트를 복사하기 위해 [OK] 버튼이 아닌 [Copy] 버튼을 눌러 오브젝트를 이동·복사시킨다.

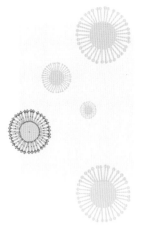

6 오브젝트를 선택한 상태에서 [Object]-[Transform]-[Move]를 선택하면 옵션 상자가 생성된다.

　가로는 20cm, 세로는 0cm를 입력한다.

7 이때 [Preview]를 체크하여 미리 이동할 위치가 맞는지 확인하다.

　오브젝트를 복사하기 위해 [OK] 버튼이 아닌 [Copy] 버튼을 눌러 오브젝트를 이동·복사시킨다.

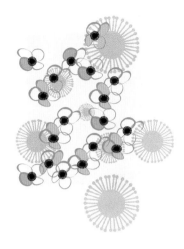

8 오브젝트를 선택한 상태에서 [Object] – [Transform] – [move]를 선택하면 옵션 상자가 생성된다.

　동일한 방법으로 [Object] – [Transform] – [move]를 선택하고 이동·복사하여 패턴을 만든다.

　가로는 20cm를 입력하고 세로는 0cm를 입력한다. 이때 [Preview]를 체크해서 미리 이동할 위치가 맞는지 확인한다.

　오브젝트를 복사하기 위해 [OK] 버튼이 아닌 [Copy] 버튼을 눌러 오브젝트를 이동·복사시킨다.

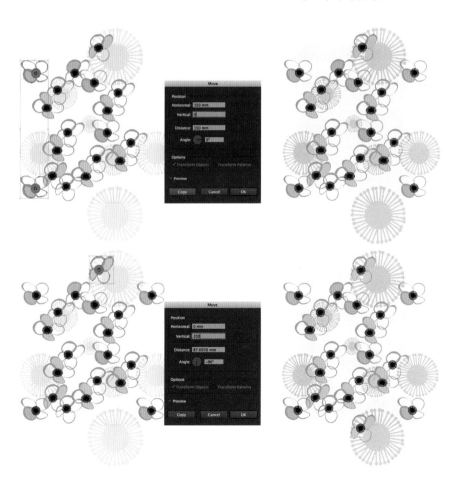

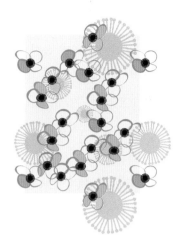

9 사각형을 플로럴 모티프 오브젝트 밑 뒤로
정렬한다. Ctrl + C 를 누르고 Ctrl + B 를
하면 맨뒤로 복사된다.

　사각형 컬러의 Fill과 Stroke를 None 버
튼을 누르면 색상이 지정되지 않은 상태,
즉 투명으로 설정된다.

　오브젝트를 선택 툴 로 스와치 패널로
드래그하면 패턴으로 등록된다.

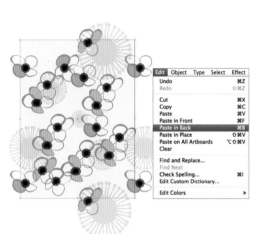

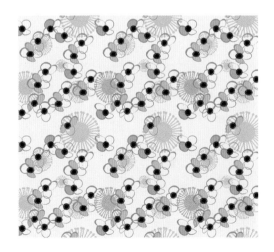

10 사각형 툴 을 선택한 후 사각형을 그리고
Fill 컬러를 적용시키면 패턴이 적용된다.

플로럴 패턴의 예제

WEEK 12
일러스트레이터로 응용 패턴 만들기

학습목표
- 편물의 느낌을 살려서 니트의 패턴디자인을 전개해 본다.
- 크레파스나 색연필로 스케치한 느낌을 패턴에 적용하거나 브러시를
  이용하여 다양한 패턴디자인을 전개해 본다.

니트 패턴 만들기

니트 패턴(Knit Pattern)은 뜨개질로 만든 니트 형태를 기본으로 응용한 패턴이다. 여기서는 겉뜨기를 한 패턴 모양 니트 편물의 느낌을 패턴에 응용해 보도록 한다.

1 원형 툴◯을 선택하고 원을 그린 후 그러데이션으로 색상을 적용한다.

2 오브젝트를 클릭하고 반사 툴▨을 선택하고 고정을 이동하여 중심축을 만들고 반사시키면서 Alt를 누르면 반사된 오브젝트가 생성된다.

3 생성된 오브젝트를 Alt를 누르면서 드래그하면 복사된다.

4 선택 툴▶로 오브젝트를 모두 선택하고 반사 툴▨을 선택하고 고정을 이동하여 중심축을 만들고 반사시키면서 Alt를 누르면 반사된 오브젝트가 생성된다.

5 Alt 를 누르면서 오브젝트를 복사하여 패턴을 만들어 준다.

 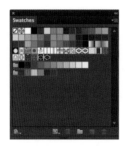

6 사각형 툴 █로 원 리피트를 선택하여 사각형을 만들고 Fill과 Stroke를 투명으로 설정한다. 사각형 오브젝트는 [Object] - [Arrange] - [Send to Back]으로 맨뒤에 배치해서 스와치에 드래그하면 패턴으로 등록된다.

니트 패턴의 예제

드로잉 패턴 만들기

드로잉 패턴(Drawing Pattern)은 색연필로 스케치한 것 같은 느낌을 준다.

1 스크리블(Scribble) 효과를 줄 오브젝트를
   선택하고 [Effect] – [Stylize] – [Scribble]을
   선택하면 옵션 상자가 나타난다. 여기에서
   설정값에 따라 정도를 조절할 수 있다.

2 사각형 툴■을 선택해서 20×30cm의 사각
   형을 그린다.

   Tip
   사각형 툴■을 더블 클릭하면 옵션 상자가 생기는
   데 가로세로 크기를 입력해서 사각형 오브젝트를 생
   성할 수도 있다.

   디자인하기 위한 드로잉 패턴 오브젝트를
   자연스럽게 배치한다.

3 텍스타일 무늬를 만들기 위한 최소한의 단위를 만들기 위해 사각형 툴■을 선택한 후 사각형을 만들고 Fill과 Stroke를 투명으로 설정한다. 사각형 오브젝트는 [Object] – [Arrange] – [Send to Back]으로 맨뒤로 배치해서 스와치에 드래그하면 패턴으로 등록된다.

4 사각형 툴■을 선택한 후 사각형을 그리고 Fill 컬러를 적용시키면 패턴이 적용된다.

텍스트 패턴 만들기

STAR

1 새 창을 만들어 문자 툴 **T** 을 선택한 후 서체와 크기를 선택한다.

STAR

2 선택 툴 로 문자를 선택하고 [Type]-[Create Outlines]를 선택하여 오브젝트로 만든다.
Tip
단축키는 Shift + Ctrl + O 이다.

3 도구 상자에서 별 툴 을 선택한 후 Shift 를 누른 채 드래그하여 다양한 크기의 별을 만든다.

4 오브젝트를 모두 선택하고 Ctrl + G 를 눌러 그룹을 만든 후, 문자와 오브젝트를 모두 선택한다.
Tip
이때 문자가 별 모양 오브젝트 위에 있어야 한다.

STAR

5 모든 오브젝트를 선택하고 [Object]-[Clipping Mask]-[Make]를 클릭한다.

6 사각형 툴■을 선택해서 20×30cm 크기의
사각형을 그린다.

Tip
사각형 툴■을 더블 클릭하면 옵션 상자가 생기는
데 가로세로 크기를 입력해서 사각형 오브젝트를 생
성할 수도 있다.

　디자인하기 위한 패턴 오브젝트를 자연스
럽게 배치한다.

7 텍스타일 무늬를 만들기 위한 최소한의 단
위를 만들기 위해 사각형 툴■을 선택한
후 사각형을 만들고 Fill과 Stroke를 투명으
로 설정한다. 사각형 오브젝트는 [Object]
– [Arrange] – [Send to Back]으로 맨뒤에
배치해서 스와치에 드래그하면 패턴으로
등록된다.

8 사각형 툴■을 선택한 후 사각형을 그리고
Fill 컬러를 적용시키면 패턴이 적용된다.

브러시를 응용한 패턴 만들기

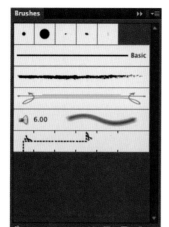

1 원형 툴 ◉을 선택하여 원을 그리고 브러시 패널에 드래그한다. 옵션 상자가 나타나면 [Pattern Brush]를 체크하고 등록한다.

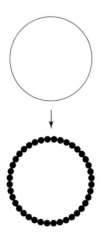

2 원형 툴 ◉을 선택하고 원을 그린 후 브러시 패턴을 설정해 준다.

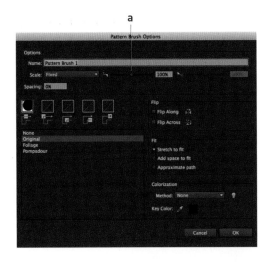

3 브러시 패널에 등록된 패턴을 적용하고 패턴의 크기를 **a**에서 조절한다. 패턴 크기를 조절한 후 **b**를 클릭한다.

4 또 다른 패턴 오브젝트를 그린 후 브러시 패널에 드래그한다. 옵션 상자가 열리면 [Pattern Brush]를 체크하고 등록한다.

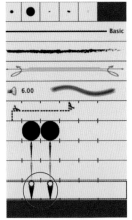

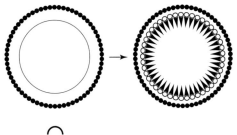

5 원을 그린 후 브러시 패턴을 설정해 준다.

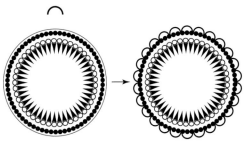

6 앞에서와 같이 패턴 오브젝트를 그린 후 [Brushes] 패널에 [Pattern Brush]를 등록한다.

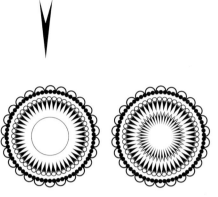

7 완성된 패턴 모티프를 모두 선택하고
[Object] - [Expand]를 적용하면 오브젝트
패스가 활성화된다.

8 패턴 모티프를 응용·변형해서 패턴을 만들
어 준다. 사각형 툴■을 선택한 후 사각형
을 만들고 Fill과 Stroke를 투명으로 설정
한다.
　사각형 오브젝트는 [Object] - [Arrange-
Send to Back]으로 맨뒤에 배치해서 스와
치에 드래그하면 패턴으로 등록된다.

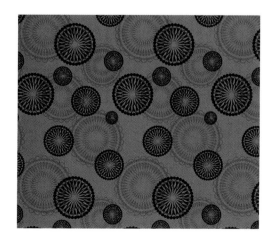

9 사각형 툴■을 선택한 후 사각형을 그리고
Fill 컬러를 적용시키면 패턴이 적용된다.

브러시 패턴의 예제

WEEK 13
일러스트레이터로 패턴 적용하기

학습목표
완성된 도식화에 패턴을 적용시키고 패턴의 크기와 컬러 등을
여러 가지로 적용해 본다.

도식화에 패턴 넣기

완성된 셔츠 도식화에 패턴을 적용해 보자.

1 셔츠 도식화와 체크 패턴을 준비한다. 체크 패턴을 스와치 패널로 드래그하여 패턴으로 등록한다.

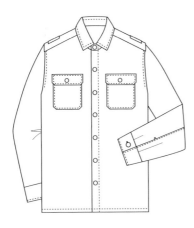

2 패턴을 적용하고자 하는 부분을 선택하고 적용할 패턴을 스와치 패널에서 골라 Fill 컬러를 적용한다.

3 팔의 소매 부분을 선택하고 패턴을 적용시
킨 후, 패턴을 축소 또는 확대하여 사이즈
에 변화를 준다.

4 주머니나 소매 또는 칼라 부분은 단색으로
하거나 패턴을 축소 또는 확대하여 사이즈
에 변화를 준다.

5 Fill 컬러로 패턴과 컬러를 적용하여 셔츠를
완성한다.

도식화에 패턴을 적용한 예제

WEEK 14
일러스트레이터로 시뮬레이션하기

학습목표

시뮬레이션으로 패턴을 적용 또는 응용해 본다.

어패럴 시뮬레이션

시뮬레이션은 컴퓨터로 모형화하여 가상으로 수행함으로써 결과를 예측할 수 있게 하는 작업이다. 이 과정은 디자인에서 꼭 필요하며 어패럴·제품디자인에 많이 응용된다. 시뮬레이션을 하면 간단하게 결과를 빨리 확인할 수 있고 시행착오를 줄일 수 있다.

어패럴 시뮬레이션의 예제

ⓒ 김지수(학생 작품)

ⓒ 남궁란(학생 작품)

ⓒ 전지혜(학생 작품)

ⓒ 정수현(학생 작품)

ⓒ 김수현(학생 작품)

WEEK 15
포토샵을 이용하여 이미지 맵 제작하기

학습목표

- 패션이미지 맵의 정의를 이해하고 이미지 맵을 구상한다.
- 포토샵의 기본적인 기능을 연습한다.
- 레이어, 메뉴 바, 툴 박스의 기능을 익힌다.
- 간단한 이미지 맵을 제작한다.

이미지 맵의 정의

이미지 맵(Image map)은 디자이너가 추구하는 디자인의 대략적인 느낌, 제품을 구입할 소비자의 특징, 브랜드의 전체적인 기획 방향을 1장으로 정리한 소개 이미지이다. 디자인 기획과 마케팅 방향을 결정할 때 반드시 필요하며, 한 시즌의 패션상품을 만들 때 가장 먼저 제작되는 이미지이다. 브랜드에서 추구하는 바를 한 번에 알아볼 수 있도록 자료들을 적절히 배치하여 만드는 것이 중요하므로, 사진과 도안을 깔끔하게 배치하여 붙이는 콜라주 기법이 주로 이용된다.

이미지 맵의 구상

패션브랜드 구상과 콘셉트 결정

브랜드를 구상할 때는 그 브랜드를 대표하는 콘셉트를 먼저 결정해야 한다. 특정한 패션의 이미지를 표현하는 대표적인 단어로는 펑크(punk), 시크(chic), 댄디(dandy), 에스닉(ethnic), 빈티지(vintage), 걸리시(girlish), 내추럴(natural), 모던(modern), 미니멀(minimal), 아방가르드(avant-garde), 고딕(gothic) 등이 있으며, 패션이미지가 복합적으로 발전한 요즘에는 2~3가지의 콘셉트를 결합하기도 한다.

브랜드명과 타깃 결정

콘셉트가 결정되었으면 그다음 단계는 브랜드 명칭과 타깃 구상이다. 예를 들어 꾸준하게 여성복 패션 트렌드의 한 부분을 차지하는 '걸리시(girlish)'를 134쪽 상자 안 내용처럼 구상할 수 있다.

브랜드 콘셉트에 맞는 이미지 찾기

자신의 브랜드가 어떠한 방향으로 전개될 것인지를 구상하여 이에 맞는 이미지 자료를 수집한다. 예를 들면 위에서 구상한 브랜드에 적합한 이미지로는 브런치 카페, 번화한 젊은이들이 있는 거리, 레깅스, 물, A라인 원피스, 작고 귀여운 동물 문양, 정교한 세공의 비즈, 파스텔톤, 플라워 패턴, 프릴, 나비, 코믹스 캐릭터, 비비드(vivid)와 모노톤이 결합된 색상, 작은 백과 액세서리, 핑크 또는 피치톤의 메이크업, 오피스의 정경 등이 있다.

브랜드명

아마빌레(Amabile)

콘셉트

- 사랑스러움 + 코믹함 + 빈티지 이미지
- 경쾌한 보이시 이미지가 일부 가미된 세미(semi) 걸리시 룩

타깃

- 연령: 10대 후반~30대 초반, 보이시가 가미된 걸리시 룩을 부담감 없이 소화하고 즐기는 여성
- 직업: 고등학생/대학생/전문직 여성/젊은 주부, 융화와 개성을 함께 추구하는 계층
- 라이프 스타일: 일정한 소득이 있고 원하는 제품을 실험하는 데 적극적, 수입의 일부를 취미를 위해 사용하는 데 주저하지 않음, 고급 유행과 키치(kitch, 저속하고 일시적인 대중 유행) 모두에 관심이 있음, 세미 캐주얼과 스트리트 패션을 일상적으로 착용, 작은 패션 소품, 비즈 액세서리, 수공예, 리폼(reform) 의상에 관심이 많음

메인 사진 _ 전체적인 느낌을 결정하는 사진으로, 이미지 맵에서 가장 중요한 비중을 차지한다. 일반적으로 대표적인 의상 자체가 부각된 사진이나, 의상을 입은 모델이 과감한 포즈를 취한 사진이 가장 널리 이용된다. 이는 브랜드의 콘셉트와 이미지에 가장 가까운 특성이 강조된 사진으로, 브랜드의 시제품을 디자이너가 촬영한 것이 가장 적합한 메인 사진이 될 수 있다.

Tip
포토샵에서 너무 작은 사진을 가지고 작업하면 확대했을 때 이미지가 깨지는 '계단 현상'이 발생한다. 따라서 사진은 A4 크기 전후로 일반 스캐너에서 스캔이 가능하며, 화질이 좋은 것을 택하도록 한다.

배경 사진 _ 메인 사진과 다른 사진 뒤에 배치되어 전체적인 이미지를 전달하고 디자인 콘셉트를 보완해 주는 사진이다. 거리의 풍경 또는 브랜드 이미지에 적합한 직물과 문양 등을 은은하게 표현한 이미지가 좋다.

기타 이미지 사진 _ 그 밖에 브랜드 콘셉트와 맞다고 여겨지는 멋진 사진을 이미지 맵의 세부로 넣을 수 있다. 이미지 맵은 '이 브랜드의 소비자는 무엇을 구입하고 주로 어디에서 활동하며 어떤 것을 즐길까?'라는 질문에 대한 답이어야 한다.

선택된 사진을 적절하게 배치하여 브랜드의 디자인 콘셉트를 효과적으로 표현하는 것은 전적

수제 의상
자료 : 오지혜, 이정화, 전가영(2009)

독특한 개성의 패션 광고 사진
자료 : Vivenne Westwood(2008)

으로 디자이너의 감각에 달려 있다. 만약 다른 작업자가 만들어 저작권이 있는 이미지를 토대로 한 작품을 외부에 공개하고 싶다면, 원작자의 동의를 얻고 출처를 밝혀야 한다. 하지만 가능하면 직접 찍은 사진을 쓰는 것이 좋다.

포토샵과 이미지

어도비 포토샵(Adobe Photoshop)은 사진 합성, 작은 사이즈의 일러스트 제작, 콜라주 작업을 하기에 가장 편리한 프로그램이다. 일러스트레이터에 비해 자유로운 표현이 가능하지만, 픽셀(pixel)이 기본 단위여서 이미지를 너무 크게 확대하면 계단 모양으로 화면이 깨지는 단점이 있다.

포토샵 작업을 할 때는 모든 이미지가 파일 형식이어야 하므로, 폴더를 하나 만든 후 작업할 사진을 한 폴더에 저장해야 편하다. 만약 사진이 너무 어둡게 촬영되었다면 메뉴 바의 [File]-[Open]으로 사진을 불러내고 메뉴 바의 [Image]-[Adjustment]-[Bright/Contrast]로 수치를 조정한 후 저장한다. 보정이 끝난 사진은 [File] - [Save As]를 선택한 후 가장 보편적인 파일 형식인 jpg(jpeg)로 바꾸어 저장하면 용량이 줄어들어 작업이 수월해진다.

이미지 맵 작업을 위한 포토샵의 기본 기능

여기서는 사진을 오려내고, 복사하고, 붙이고, 글씨를 넣고, 색을 선택하고, 간단한 그림을 그리는 작업을 중심으로 하여 포토샵의 기본 기능을 살펴보도록 한다.

어도비 포토샵은 계속 업그레이드되어 툴 박스 도구의 위치와 세부 기능이 다소 바뀌고 있지만, 그 기본 기능은 처음과 유사하다. 따라서 최신 버전을 준비할 필요는 없으며, CS 버전을 포함한 한글판과 영어판을 두루 활용할 수 있다.

포토샵의 메뉴 바

포토샵 화면의 제일 위에 있는 메뉴 바(Menu bar)에서 필수적인 몇 가지 특징을 간단히 살펴본다.

포토샵 영문판의 메뉴 바

1 **File** 원하는 그림을 화면에 불러오고, 새 종이를 만들고, 저장하고, 인쇄한다.
2 **Edit** 그림을 복사하고, 붙여넣고, 사이즈를 조절하고, 잘못된 작업을 되돌린다.
3 **Image** 그림의 해상도와 전체 크기, 색이나 밝기, 방향을 조절한다.
4 **Select** 그림 파일에서 원하는 부위를 선택한다.
5 **Filter** 사진에 여러 가지 예술적인 효과를 주어 변화시킨다.

포토샵의 툴 박스

포토샵 프로그램을 열면 화면 왼쪽에 여러가지 도구들이 들어 있는 길쭉한 툴 박스가 보인다.
이것은 일종의 디지털 화구 박스로 각 툴, 즉 도구가 담긴 칸의 작은 삼각형을 누르면 숨겨진 도
구들이 나타난다.

툴 박스와 도구(포토샵 CS 6 영문판)

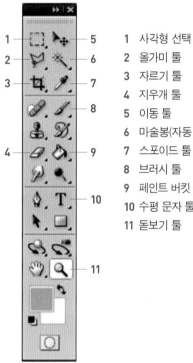

1	사각형 선택 윤곽 툴
2	올가미 툴
3	자르기 툴
4	지우개 툴
5	이동 툴
6	마술봉(자동 선택) 툴
7	스포이드 툴
8	브러시 툴
9	페인트 버킷 툴
10	수평 문자 툴
11	돋보기 툴

툴 박스와 툴
(포토샵 CS 4 한글판)

사각형 선택 윤곽 툴 _ 원하는 곳을 도형 모양으로 선택하는 툴이다. 작업 중인 그림의 원하는
부분을 마우스로 밀어 원이나 사각형 형태로 선택할 수 있다. 가장 기본적인 툴이다. 선택된 영
역을 해제하려면 이 툴로 다시 화면을 클릭한다.

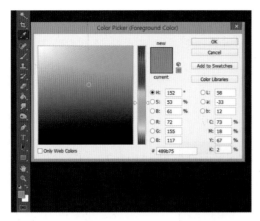

스포이드 툴 사용

스포이드 툴 _ 스포이드(Eyedrooper) 툴은 원하는 색을 찍어서 선택할 수 있게 해 준다. 작업 중인 그림에서 원하는 색을 클릭한다. 포토샵에 내장된 색을 원한다면, 이 툴을 클릭한 후 툴 박스 하단의 왼쪽 위 사각형(Set foreground color)을 누르고, 컬러 피커(Color Picker) 상자가 뜨면 원하는 색상을 찍고 [OK] 버튼을 클릭한다.

브러시 툴 활용과 사이즈 조절

브러시 툴 · 연필 툴 _ 원하는 선을 그려 주는 툴이다. 스포이드 툴로 색을 선택한 후, 툴 박스의 브러시 툴이나 연필 툴을 클릭하여 원하는 곳에 원하는 선 모양을 자유롭게 그린다.

Tip
툴 박스의 각 도구를 선택할 때마다, 화면 위쪽에는 그 도구의 사이즈, 모양, 투명도 등을 조절할 수 있는 옵션 팔레트가 표시된다.

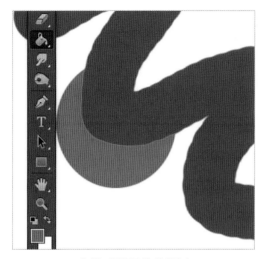

페인트 버킷 툴로 면 색 채우기

🪣 **페인트 버킷 툴 _** 페인트 버킷(Paint Bucket) 툴은 넓은 면적에 같은 색을 채워서 입혀 준다. 스포이드 툴로 원하는 색을 선택한 후, 페인트 버킷 툴을 클릭하고, 색칠을 원하는 곳을 클릭하면 넓은 도형을 한 색으로 빠르게 메워 준다.

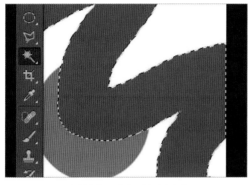

마술봉 툴로 특정 부분 선택하기

🪄 **마술봉 툴 _** 마술봉(Magic Wand, 부분 선택) 툴은 특정한 부분만 작업 영역으로 선택하는 툴이다. 특정 부분만 복사하거나 특정한 부분에만 어떤 효과를 넣고 싶을 때 테두리를 막는 용도로 사용한다. 여러 곳을 선택하고 싶다면 [Shift]를 누르고 원하는 부분을 계속 클릭한다.

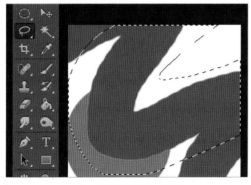

올가미 툴로 특정 부분 선택하기

🎯 **올가미 툴 _** 올가미(Lasso) 툴은 원하는 곳의 윤곽선을 따라 그려서 선택하는 툴이다. 원하는 부위의 색이 복잡해서 마술봉 툴로 선택하기 어려울 때 사용한다. 다각형 형태의 올가미 툴을 선택하면 선을 그리지 않고 점들을 클릭하여 선택할 수 있다.

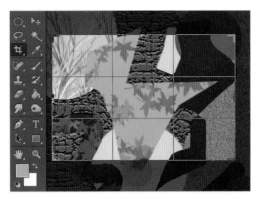

자르기 툴 사용

자르기 툴 사용 후

石. 자르기 툴 _ 자르기(Crop) 툴은 원하는 부분만 네모난 모양으로 오리는 툴이다. 자르기 툴을 선택한 후, 오려낼 면적을 마우스로 끌어당겨서 조정하고, 변경선 안쪽을 2번 클릭하면 화면이 오려진다.

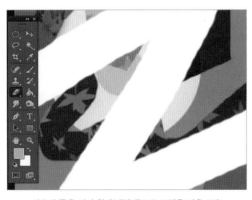

지우개 툴을 써서 흰색(배경색)으로 그림을 지운 모습

∅. 지우개 툴 _ 지우개(Eraser) 툴은 원하지 않는 부분을 지워 준다. 배경색(Set background color)으로 정해놓은 색으로 지워진다.

문자 툴로 글씨 삽입하기

T. 문자 툴 _ 문자(Type, 수평 문자) 툴은 글씨를 삽입하게 해 준다. 원하는 곳에 원하는 글씨를 키보드로 써서 삽입하며, 서체와 크기도 조절할 수 있다.

삽입된 글씨를 이동 툴로 이동시키기

이동 툴 _ 이동(Move) 툴은 복사되어 붙여진 그림이나 삽입된 글씨를 원하는 곳으로 옮겨 준다. 이동 툴을 선택한 후, 붙여진 그림을 마우스로 끌어당겨 옮긴다.

돋보기 툴 사용

돋보기 툴 _ 돋보기(Zoom) 툴은 작업 중인 화면을 크거나 작게 보여 준다. 세부를 확대하여 자세히 보면서 작업할 때 사용한다. 화면을 축소하고 싶을 때는 [Alt]와 함께 사용한다.

필터 _ 메뉴 바(Menu bar)에서 선택할 수 있으며, '필터 갤러리'를 비롯한 여러 카테고리로 나누어져 있다. 각각의 그림이나 사진에 화가가 그린 것 같은 색다른 효과를 준다.

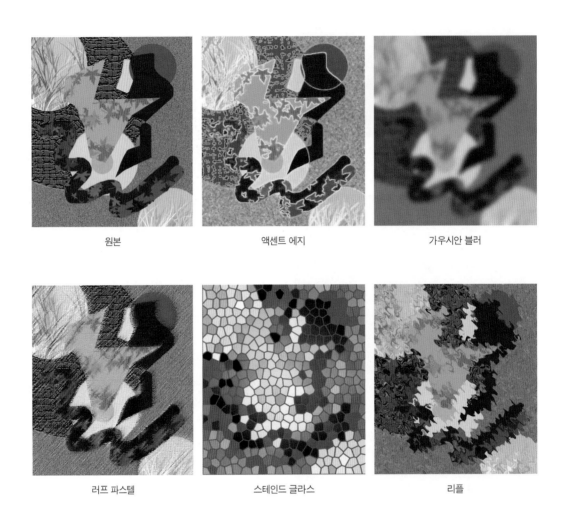

원본 액센트 에지 가우시안 블러

러프 파스텔 스테인드 글라스 리플

포토샵을 이용한 이미지 맵 제작

포토샵으로 사진을 붙여넣고, 사이즈와 위치를 조절하고, 각 사진에 특정한 효과를 주면 효과적인 이미지 맵을 만들 수 있다. 사진 합성과 콜라주 작업에 가장 중요한 개념인 레이어(Layer)의 원리를 이해하고, 포토샵의 기본 기능을 연습한 후 디자인 감각을 발휘하여 효과적인 이미지 맵을 작성해 보자.

포토샵의 기본 기능 연습하기

이제 모아서 정리해 둔 이미지들로 자기 브랜드에 맞는 이미지 맵을 본격적으로 만들어 본다. 콜라주 작업을 하기에 편리한 포토샵 프로그램에서는 복사하기(Copy)와 붙이기(Paste) 기능을 능숙하게 다룰 수 있어야 한다. 따라서 이미지 맵을 만들 때 중요하게 쓰이는 메뉴 바의 다음 기능들을 기억해 두도록 한다.

복사하기 _ 원하는 이미지를 복사해서 다른 창의 화면에 가져다 붙이는 기능이며, [Edit]-[copy]-[Edit]-[paste]의 과정으로 이루어진다. 사진을 붙일 때마다 레이어도 배경화면(Background)-레이어 1-레이어 2-레이어 3의 순서로 하나씩 늘어난다.

레이어 _ 각각의 사진(이미지)들이 붙어 있는 투명한 화면층이다. 포토샵 화면의 오른쪽에 뜨는 '레이어 팔레트'에 각 레이어들의 순서와 상태가 표시되며, 여기를 보면서 붙여넣은 사진들의 위치와 상태를 따로따로 조절할 수 있다.

변형 _ [Edit]-[Transform]을 이용하여 복사해서 붙여넣은 이미지의 사이즈를 정해진 수치대로 조정하고, 반전시키고, 원근법을 주어 비뚤어진 이미지로 만들 때 사용한다. 화면 위쪽에 나타나는 옵션 팔레트에서 이미지의 가로세로 비율을 직접 써넣어 늘리거나 줄일 수 있다.

자유 변형 _ [Edit]-[Free Transform]을 이용하여 복사해서 붙여넣은 이미지를 정해진 수치 없이 원하는 대로 손으로 조정하는 기능이다.

이미지 사이즈 _ 전체 화면을 조정할 때 이용하는 기능이다. [Image]-[Image Size]는 이미지가 여러 장 붙어 있는 화면의 전체 사이즈 조정에 사용한다. [Image]-[Rotate Canvas]는 화면 전체를 90도나 180도로 회전시키고 수평이나 수직 방향으로 뒤집는 데 사용한다.

메인 사진과 배경 붙여넣기

배경 사진 _ 배경(background)으로 쓸 사진은 이미지 맵의 가장 밑에 붙이는 일종의 벽지이다. 배경이므로 메인 사진보다 현란하지 않고 은은한 느낌의 사진을 사용하는 것이 효과적이다.

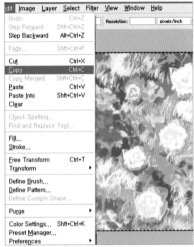

[File]-[Open]을 누르고, 이미지를 모아놓은 폴더로 가서, 골라둔 배경 사진의 이름을 클릭하고 [OK]를 눌러 사진을 불러낸다. 그다음에 [Select]-[All]를 눌러 방금 정리한 배경 사진을 모두 선택한 후, [Edit]-[Copy]를 누른다. 이렇게 하면 눈에는 보이지 않지만 배경 사진이 이미 복사된 상태가 된다.

이제 이미지 맵의 '바탕이 될 종이'를 만들고, 복사해 둔 배경 사진을 붙인다. [File]-[New]를 누르면, 새 화면을 만들 수 있는 설정창이 나타난다. A4 용지의 사이즈보다 약간 크게 작업한 후 축소해서 프린트해야 깔끔한 이미지 맵을 얻을 수 있으므로, 가로 약 35cm, 세로 약 25cm, 화면의 품질은 200 내지 300픽셀로 설정하면 적당하다.

만들어진 바탕 종이의 화면을 마우스로 1번 클릭하면 화면 위쪽 바(Bar)가 푸른색으로 변하

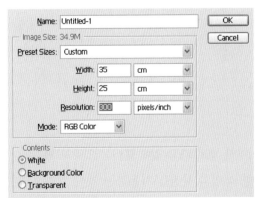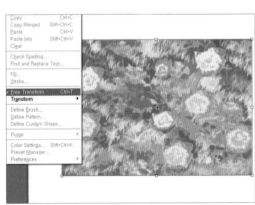

며 '작업 중인 창'이 된다. 그렇게 한 후 [Edit]‒[Paste]로 위에서 복사한 배경 사진을 이 화면에 붙인다. 배경 사진이 너무 작거나 크다면 [Edit]‒[Free Transform]을 누른다. 그렇게 하면 붙여넣은 사진 주위로 조정선이 생기는데, 이 조정선을 원하는 만큼 드래그하여 사진의 크기를 조절한다.

Tip
[Edit]‒[Transform]을 사용하면 정확한 수치를 입력해 확대 또는 축소할 수 있다. 각도를 기울이고 싶다면 조정선 귀퉁이에 마우스를 대고 반원형 화살표가 생기면 원하는 방향으로 끌어당긴다. 배경 사진이 원하는 사이즈로 변형되었다면, 조정선 안을 2번 클릭한다.

psd 파일 저장하기

[File]‒[Save As]로 작업 중인 화면을 psd 파일로 저장한다. 이 파일은 용량이 크지만 모든 레이어를 따로 떨어진 상태로 저장하기 때문에, 특정 사진이 붙어 있는 레이어만 골라 작업할 수 있다는 장점이 있다.

메인 사진 _ [File]‒[Open]을 누르고 메인으로 결정한 사진을 화면에 띄운다. 메인 사진은 강한 느낌을 주기 위해 중요한 부분만 따서 쓰는 경우가 많다.

1 모델 뒤의 배경이 복잡할 때는 툴 박스의 다각형 올가미 툴 █을 선택하고 모델의 테두리를 따라 계속 클릭하여 모델만 선택한 후 [Edit]‒[Copy]로 복사한다.

2 모델 뒤의 배경이 단순할 때는 툴 박스의 마술봉 툴 █로 모델의 뒷배경만 선택한다. [Select]‒[Inverse]를 누르면 선택 대상이 모델로 반전되므로, [Edit]‒[Copy]로 복사한다. 배경이 들어 있는 바탕 종이 화면을 1번 클릭하고, [Edit]‒[paste]를 누르면 위에서 복사된 모델이 배경 위 한가운데에 붙는다.

3 모델의 사이즈는 [Edit]‒[Free Transform]으로 조정하고, 모델의 위치를 이동시키고 싶다면 툴 박스의 이동 툴 █로 모델을 눌러 원하는 곳으로 끌어당긴다.

세부 붙여넣기와 간단한 효과 주기

다른 세부 사진들도 위와 같은 방식으로 붙여 나간다. 전체적으로 보기 좋도록 사진 각각의 위치와 사이즈, 기울기를 조정해 보자.

Tip

화면 오른쪽에 뜨는 레이어 팔레트창을 보면, 사진을 붙일 때마다 배경, 레이어 1(배경 사진), 레이어 2(메인 사진), 레이어 3(세부 사진 1), 레이어 4(세부 사진 2) 등과 같이 새로운 레이어가 순서대로 늘어나 있다. 포토샵에서 만드는 '이미지 맵 콜라주'는 투명한 셀 위에 배경, 인물, 엑스트라 등의 그림을 각각 그리고 여러 장을 합쳐 한 장면을 만드는 셀 애니메이션과 같다고 보면 된다.

적절히 사진을 붙여넣은 이미지 맵

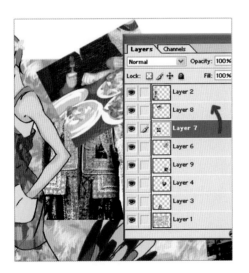

순서 바꾸기 _ 사진 A를 사진 B의 위로 놓고 싶으면, 레이어 팔레트에서 사진 A가 붙은 레이어를 눌러서 사진 B 레이어 위로 끌어당긴다.

Tip

사진에 효과를 줄 때는 반드시 레이어 팔레트에서 그 사진이 붙어 있는 레이어를 눌러서 선택한 후 작업을 해야 한다. 그렇지 않으면 엉뚱한 사진에 효과가 나타나게 된다.

1 에스닉 의상(레이어 7)을 마우스로 끌어당겨, 레스토랑 풍경(레이어 8) 위에 놓는다.

2 레이어 7의 사진이 레이어 8의 사진 위로
올라온다.

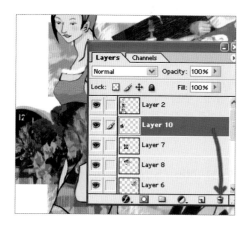

사진 버리기 _ 없애고 싶은 사진이 있다면, 그
사진이 붙어 있는 레이어를 누른 채로 아래쪽
의 쓰레기통 모양 아이콘으로 끌어당긴 후 마
우스를 놓는다.

Tip
꽃 사진을 없애고 싶다면, 꽃 사진 레이어(레이어 10)를
쓰레기통 모양 아이콘으로 끌어당겨 버린다.

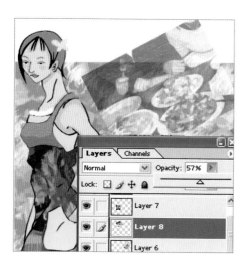

사진에 예술적인 효과 주기 _ 특정 레이어를 선
택하고 필터(Filter) 효과를 주면 재미있는 결
과를 얻을 수 있다. 마음에 들 때까지 여러 가
지 필터를 선택해서 적용해 본다.

사진을 투명하게 바꾸기 _ 레이어 팔레트에서
사진이 붙어 있는 해당 레이어를 선택한 후,
위쪽에 있는 [Opacity] 옆에 붙은 작은 삼각
형을 누르고, 나타나는 바(bar)를 움직여서 불
투명도를 조절한다.

전체 화면 정리와 글씨 넣기

선 두르기 _ 사진 여러 장이 제각각 효과를 내면서 붙어 있는 상태라 정신이 없고 산만한 느낌을 줄 수 있다. 이럴 때 가장 효과적인 기법은 연필 툴 ✎ 등으로 선을 두르는 것이다.

Tip
지금은 여러 장의 투명한 레이어들이 겹쳐져 있는 상태(psd 파일)이므로, [File] – [Save As]를 누르고 jpg 파일로 이미지 맵을 저장하면 레이어들이 1장으로 합쳐진다. 그다음 다시 [File] – [Open]으로 jpg 파일로 변한 이미지 맵을 불러내서 선을 두른다.

장식선 그리기 _ 툴 박스의 연필 툴 ✎을 선택하자. 연필의 색은 툴 박스의 전경색(Set foreground color)에서 선택하고, 연필의 크기와 종류는 화면 위쪽의 연필 툴 ✎ 옵션에서 조정해 준다.

Tip
선을 그리고 싶은 출발점을 클릭한 후, Shift를 계속 누른 채로 연필 툴로 테두리를 계속 찍어서 선을 이어준다. 직선인 경우에는 되도록 한 번에 그려야 깔끔하지만, 자잘한 곡선의 경우 꺾이는 부분마다 클릭해야 매끈하게 그려진다. 선이 잘못 그려졌으면 바로 [Edit] – [Undo]를 눌러 되돌리면 되지만, 여러 번 작업한 후 몇 단계를 되돌리고 싶다면 [Edit] – [Step Backward]를 이용한다.

글씨 넣기 _ 가장 중요한 브랜드명을 넣어 보자. 여기에서는 'Girlish Kingdom'이라는 브랜드 명을 삽입해 본다.

1 글씨 색상을 선택한 후, 툴 박스의 문자 툴을 선택한다.
2 원하는 곳을 마우스로 클릭한 후 자판으로 글씨를 써넣으면 된다. 문자 툴을 사용해도 사진을 붙여넣을 때처럼 레이어가 하나 생성되므로, 마음대로 글씨의 모양과 위치를 바꿀 수 있다.
3 글씨의 스타일이나 크기를 조정하고 싶은 경우, 원하는 글자 부분을 마우스로 밀면 워드를 사용할 때처럼 까맣게 블록 지정이 된다. 글씨의 크기나 스타일은 화면 위쪽에 나타나는 문자 툴 옵션 바에서 조정한다.
4 그림처럼 'KINGDOM'이란 단어 중에 K만 큰 사이즈로 만들고 싶다면, 문자 툴 **T**.을 선택한 후 K만 밀어서 블록을 지정하고, 옵션 바에서 사이즈를 바꾼다.

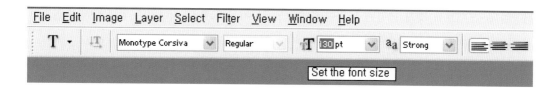

Set the font size

5 똑바로 선 글씨를 재미있게 기울이거나 이동
시키고 싶다면 [Edit] – [Free Transform], 이
동 툴 ⬈을 이용한다. 이때 글씨가 붙어 있
는 레이어가 선택되었는지를 레이어 팔레트
에서 확인하고 작업하도록 한다.

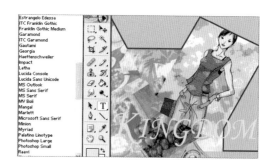

이미지 맵 완성하기

완성된 이미지 맵은 글씨를 써넣은 상태여서 레이어가 또 하나 생성되어 있으므로, jpg 파일로

이미지 맵
ⓒ 최정

저장한다. 콘셉트에 맞게 통일된 느낌이 중요하므로, 여러 효과를 지나치게 남발하여 혼란스럽게 만드는 것은 자제하는 것이 좋다.

완성된 이미지 맵을 보면서 자신이 의도한 브랜드 콘셉트가 잘 설명되고 있는지 평가한다.

응용 과제

소중한 가족, 반려동물, 소품 등의 사진을 이용하여 또 다른 스타일의 이미지 맵을 만들어 보자. 화질이 좋은 이미지 맵을 만들기 위해서는 크게 찍힌 사진을 고르는 것이 좋다. 문자 툴을 적절하게 써서 스타가 등장하는 잡지 표지처럼 만들어도 재미있다.

직접 촬영한 인형 사진으로 만든 잡지 스타일의 이미지 맵
ⓒ 최정(인형 모델 : Dollmore)

WEEK 16
포토샵을 이용하여 패션 일러스트 제작하기

학습목표

- 패션 일러스트레이션의 특성을 이해한다.
- 패션 일러스트레이션의 작업 과정을 파악한다.
- 포토샵을 이용하여 각 부분을 채색하고, 그림자와 패턴과 재질감 및 피부와 헤어의 표현법을 파악한다.

패션 일러스트레이션의 특성

포토샵을 이용하면 모던한 느낌의 패션디자인 일러스트를 제작할 수 있다. 이때 모델의 포즈를 참고하여 자신의 패션디자인을 창작·표현하며, 디자인 콘셉트에 맞게 의복 디테일에도 통일감을 부여한다.

포토샵에서 일러스트의 윤곽선을 그린 후 가장 쉽게 색을 입히는 방법은 마술봉 툴 과 페인트 버킷 툴 을 사용하는 것이다. 명암을 넣고, 원하는 패턴을 복사해서 원하는 부분에 붙여넣고, 투명도와 질감은 레이어 팔레트와 적절한 필터 기능으로 조절한다. 또한 각 부위에 효과적인 채색법을 생각해 보고, 마우스 사용법에 익숙해지도록 한다.

패션 일러스트레이션은 브랜드의 콘셉트에 맞는 의상을 디자인한 후 모델에게 입힌 상태로 표현한 그림이다. 의상을 제작할 때의 참고자료이므로 개성 있는 화풍도 중요하지만 의상의 디테일을 대략적으로 알아볼 수 있게 그리는 것이 중요하다.

포토샵 패션 일러스트 작업을 위한 준비

포토샵 패션 일러스트에 적합한 기능과 자료

이미지 맵처럼 패션 일러스트를 포토샵으로 제작할 때도 툴 박스와 레이어 기능이 효과적으로 이용된다. 초보 디자이너들이 아무것도 없는 상태에서 인체를 데생하고 바로 디자인을 입히기는 어려우므로, 다음 조건을 충족하는 모델 사진을 보면서 연습하도록 한다.

1 전신이 다 나오고 모델이 배경과 확실히 구분되는 사진
2 모델이 앞을 보고 서 있거나 앞을 향해 걸어오는 사진
3 프로 모델의 신체 비례와 비슷한 8등신 이상의 모델 사진

아무리 멋진 사진이더라도 다음과 같은 사진은 패션 인체 데생을 익혀야 할 초보 디자이너의 참고자료로는 적합하지 않으므로 피하는 것이 좋다.

1 모델의 신체 일부만 표현되어 전체 의상 표현이 어려운 사진
2 격렬하게 몸을 비트는 포즈 등 의상의 형태를 정확하게 파악하기 어려운 사진
3 인체 비례가 7등신 이하여서 패션 일러스트의 느낌이 덜한 사진

신체가 전부 나타나지 않은 패션사진
자료 : MICHAEL MICHAEL KORS(2008년 광고)

전신이 나타난 패션사진
자료 : VERSACE(2008년 광고)

레이어와 러프 스케치

사진의 포즈를 참조해 러프 스케치를 연습하려면 밑그림이 비치도록 트레이싱 페이퍼 또는 라이팅 박스(lighting box)를 준비해야 하지만, 포토샵에서는 다음과 같이 레이어 기능을 이용하여 유사한 환경을 만들 수 있다.

1 참고하고 싶은 포즈의 모델 사진을 [File] - [Open]으로 불러낸다.
2 레이어 팔레트 아랫단에서 [Create New Layer]를 찾아 클릭한다.

　이렇게 하면 모델 사진의 상태는 전혀 변하지 않은 것으로 보이지만, 레이어 팔레트의 모델 사진(Background) 위에 '레이어 1'이 만들어진다. 그러나 이 '레이어 1'은 투명해서 밑그림 모델이 너무 선명하게 보이므로, 툴 박스에서 흰색을 선택하고 페인트 버킷 툴 로 레이어 1을 클릭하면 하얗고 불투명한 상태로 바뀐다. 그 후 레이어 팔레트에서 '레이어 1'의 불투명도(Opacity)를

70~80% 정도로 조절하면 모델의 모습이 희미하게 나타난다.

트레이싱 페이퍼를 올린 것처럼 반투명한 화면을 만들었으므로, 이 위에 자신이 원하는 디자인을 연필 툴 ✏️이나 브러시 툴 🖌️로 자유롭고 즐겁게 그려 본다.

1 레이어 1에 흰색을 붓고, Opacity를 70~80% 정도로 조정한다.

2 연필 툴 ✏️이나 브러시 툴 🖌️로 자신의 디자인을 그려 본다.

3 참고 사진을 불러낸 후, 레이어 팔레트 하단에서 '새 레이어 만들기'를 클릭한다.

Tip
작은 부분을 확대해서 작업하려면 툴 박스의 돋보기(Zoom) 툴을 선택하고 원하는 사이즈가 될 때까지 화면을 몇 번 클릭한다. 다시 축소하고 싶다면 Alt +돋보기 툴을 쓴다. 원하는 부분이 화면 밖으로 밀려났다면, 툴 박스의 손(Hand) 툴로 화면을 밀어서 움직인다.

패션 일러스트 밑그림 준비

먼저 채색을 위한 밑그림을 준비하는데, 여기에서는 2가지 방법을 쓸 수 있다.

첫째, 포토샵의 펜 툴 🖋 을 이용해 디자인 선을 따는 방법이다. 포즈를 참고할 사진을 레이어 작업으로 앞서와 같이 반투명한 작업화면 상태로 만든 후, 자신의 창의적인 디자인과 얼굴을 펜 툴 🖋 로 따서 입힌다.

둘째, 오프라인 상태에서 종이 위에 연필로 디자인 러프 스케치를 하고 펜으로 깔끔하게 선을 그린 후 지우개로 지워서 스캔하는 방법이다. 스캐너가 필요하지만, 좀 더 자유로운 선으로 그려진 일러스트를 만들 수 있어 좋다.

포토샵으로 밑그림 준비하기

포토샵의 레이어 기능으로 만든 반투명 화면을 이용해 밑그림을 준비하려면, 모델 사진의 포즈를 참고로 하여 자신의 디자인 러프 스케치를 보며 디자인 선을 그린다. 그다음 툴 박스에서 브러시 툴 🖌 이나 연필 툴 ✏ 을 선택하고 브러시의 크기를 조절한 후, 툴 박스에서 되도록 진한 전경색 (Set Foreground Color)을 선택한다.

가장 겉에 입은 재킷이나 코트부터 그려 주면, 선이 많이 겹치지 않아 편하다. 그림자가 져서 어두운 부분, 허리나 가슴 아래와 접혀진 팔 부분은 약간 굵은 선으로 그려주면 입체감이 생긴다.

Tip

밑그림(Background)에 덧붙인 레이어 위에 지우개 툴을 쓰면 레이어 자체가 지워져서 구멍이 뚫린다. 이럴 때는 지금 작업중인 레이어를 불투명도 100으로 되돌린 후, 바탕의 흰색을 스포이드 툴로 찍어 선택하고, 잘못 그린 곳을 브러시 툴로 칠하면 레이어를 손상시키지 않고 지울 수 있다.

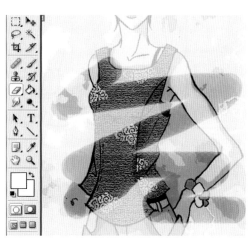

밑그림이 아닌 레이어 1에 지우개 툴을 쓴 예

얼굴이나 다리 같은 매끈한 피부 부분이나
실크(silk) 질감을 가진 의상의 외곽선을 그릴
때는 Shift +연필 툴 ✏로 계속 찍어 주면 매
끈한 선이 생겨날 것이다. 다 그려지면 레이어
1의 투명도를 100으로 만들어 밑그림을 완성
하고, jpg 파일로 저장한다.

Tip

'레이어 1'이 반투명 상태이면 브러시 선도 반투명으로
그려진다. 가끔 레이어 1의 투명도를 100으로 되돌려서
선이 너무 진하지는 않은지 확인한다. 작업 도중 수시로
작품을 저장하는 것도 잊지 않는다.

불투명도 100 상태에서 스포이드 툴로 바탕의 흰색을 선택한 후,
잘못 그린 부분을 브러시 툴로 칠해서 지운다.

일러스트 밑그림 1
ⓒ 최정(참고 사진 : HAN KYU JONG)

오프라인 작업과 스캐닝으로 밑그림 준비하기

진하지 않은 HB연필로 종이 위에 스케치를 한 후, 펜으로 선을 정리하여 다시 그리고, 지우개로 필요 없는 연필 잔선을 지우는 작업으로도 밑그림을 준비할 수 있다. 완성된 밑그림은 스캔하여 파일로 만들어야 포토샵에서 채색할 수 있다. 선이 다소 희미할 수 있으므로 [Image] – [Auto Contrast]로 선을 선명하게 만든다.

패션 일러스트 채색

일러스트 밑그림 2를 선택하여 채색하기로 한다. 포토샵으로 디자인 일러스트를 채색할 때는 툴박스와 메뉴 바의 기본 기능, 레이어 팔레트의 여러 옵션과 필터 기능이 사용된다.

패션 일러스트 채색에 사용되는 포토샵 기능

툴	용도
마술봉(Magic Wand) 툴	같은 색상인 부분 또는 테두리가 막혀 있는 도형의 안쪽만 선택하는 기능이다. 외곽선 안쪽을 막아 선을 상하지 않게 하면서 깔끔한 채색을 위해 사용한다.
페인트 버킷(Paint Bucket) 툴	테두리가 막혀 있는 도형을 하나의 색으로 한 번에 채색할 때 사용한다.
브러시(Brush) 툴	부드러운 선을 그릴 때 사용한다.
연필(Pencil) 툴	날카롭고 세밀한 선을 그리거나, 끊어진 선을 이을 때 사용한다.
스포이드(Eyedropper) 툴	원하는 색상을 선택할 때 사용한다.
돋보기(Zoom) 툴	세밀한 부분을 작업할 때 사용하며, 특정 부분의 화면을 확대해서 보여 준다.

Tip
[File] – [Save As]를 이용하여 단계마다 다른 파일명을 부여하여 저장해 둔다.

마술봉 툴로 원하는 부분 선택하기

디자인 콘셉트를 가장 잘 표현하는 부분부터 마술봉 툴로 선택한다. 의상 디자인 콘셉트가 동화처럼 귀여운 느낌이라서 플레어 원피스를 중점으로 디자인했다면, 이 부분부터 채색하여 자신이 원하는 느낌을 끝까지 유지할 수 있다. 면이 나누어져 한 번에 모든 부분을 선택하기 어렵다면, Shift를 누른 채로 원하는 부분을 계속 클릭해서 선택한다.

연필 러프 스케치
ⓒ 최정

일러스트 밑그림 2
ⓒ 최정

Tip

일반적으로 디지털상에서 채색할 때는 선을 상하게 하지 않기 위해 각 부분의 레이어를 따로 만들어 각각 채색한다. 그러나 여기에서는 초보 디자이너도 쉽게 작업할 수 있도록 마술봉 툴로 윤곽선을 보호하는 간단한 방법을 쓰기로 한다.

페인트 버킷 툴로 색 입히기

가장 먼저 연하고 밝은 바탕색을 입힌다. 툴 박스 아래쪽의 왼쪽 사각형(Set Foreground Color)을 클릭하고 원하는 색을 선택한 후, 페인트 버킷 툴로 원하는 부분에 색을 채운다.

　이때 선의 테두리가 다 막혀 있지 않으면 바깥 배경까지 모두 같은 색으로 채워지므로, 이럴 때는 [Edit] – [Undo]로 그림을 되돌린 후 테두리가 뚫려 있는 곳을 찾아 연필 툴로 선을 그려서 막은 후 작업을 계속한다.

바탕색 입히기

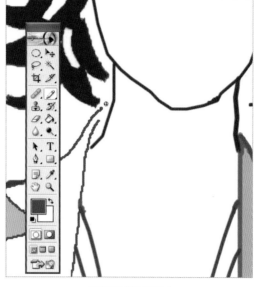

테두리가 뚫린 곳 막기

그림자 채색하기

그림자 색은 되도록 바탕색과 비슷한 계통이
되 좀 더 어둡고 회색이 가미된 톤의 색상을
택하도록 한다. 직물이 접혀서 그림자가 지
는 곳이나 손에 가려서 어두워지는 부분에
브러시 툴 로 그림자 색을 칠한다. 좀 더
입체감을 내기 위해서는 바탕색보다 밝고 흰
색이 가미된 색으로 밝은 부분도 칠한다.

　바탕색보다 짙고 회색이 가미된 그림자를
그린다. 바탕색보다 옅고 흰색이 가미된 밝은
부분도 그려 준다.

그림자 채색하기

포인트 캐릭터 채색과 표현

귀엽고 캐주얼한 이미지를 가미하려면 재킷이나 블라우스, 원피스 등에 적절히 포인트를 준다. 대중문화와 하이패션의 조합이 종종 이루어지고 있는 요즘의 유행에 맞추어 개성 있는 캐릭터를 제작하여 활용해도 재미있다. 다만 기존의 유명 캐릭터를 쓸 때는 로열티를 지불해야 하므로, 자신만의 캐릭터를 디자인해서 활용하는 것도 좋은 방법이다.

　여기서는 토끼를 동화 같은 느낌으로 묘사한 창작 캐릭터를 원피스에 넣었다. 캐릭터를 채색할 때에도 선을 보호하기 위해 마술봉 툴 ✐을 쓴다.

다른 부분 채색하기

재킷처럼 칼라, 소매, 몸판, 포켓 등의 여러 부분으로 나누어진 옷은 각 부분을 마술봉 툴 ✐로 막고 그림자를 그려야 깔끔하게 마무리가 된다. 특히 여성용 의상은 여성의 신체의 곡선을 고려해야 한다. 꼭 달라붙는 옷이라면 가슴의 굴곡과 밑 그림자의 형태가 두드러지며, 헐렁한 옷이라면 가슴 밑의 그림자 형태가 좀 더 밋밋해진다.

재킷과 원피스 가슴 부분에 명암 넣기

재킷 채색하기

금속 부속물과 액세서리의 채색과 표현

의상에 부착된 비즈와 소품에 사용된 금속 부속물에도 간단한 효과를 주어 특유의 느낌을 표현할 수 있다. 단추나 버클 등의 금속 부분을 칠할 경우에는 필터의 [Lighting Effects]를 사용하는 것도 효과적이다. 마술봉 툴 🖌로 금속광을 내고 싶은 부분을 택하고, 실키한 느낌의 광택을 표현하기 위해 '원하는 색상＋회색 톤'으로 그 부분을 채우고 그림자도 그린다. 예를 들면 갈색 계통의 금속은 회갈색을 쓰면 좋다. 금속 느낌은 [Filter]–[Render]–[Lighting Effects]로 적용한다.

Tip

[Lighting Effects]를 너무 넓은 면적에 적용하면, 음영이 지나치게 두드러져 금속 느낌이 나지 않으므로 되도록 단추, 펜던트, 핸드백과 슈즈 버클 등 작은 부분에 이용한다.

메인 의상인 원피스는 화사한 이미지를 살리기 위해 비즈를 가미한 디자인이다. 브러시 툴 🖌 중 에어브러시 효과와 일반 브러시 효과를 적절하게 섞어 쓰면 금속 부속과는 다른 비즈의 광택을 표현할 수 있다.

금속 효과와 비즈 묘사

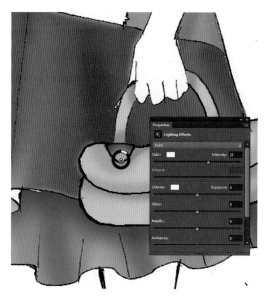

[Lighting Effects] 적용

무늬 넣기

무늬로 쓰고 싶은 패턴 파일을 [File]–[Open As]로 불러내고, [Select]–[All]–[Edit]–[Copy]로 복사한다. 작업 중인 창으로 옮겨와 원하는 부분을 마술봉 툴 🪄로 선택한다. [Edit]–[Paste Into]를 누르면, 선택된 부분에만 무늬가 붙여지고 레이어도 새로 하나 생겨난다.

　붙여넣은 패턴 사이즈가 마음에 들지 않는다면 [Edit]–[Free Transform]으로 조절한다. 패턴의 불투명도를 레이어 팔레트에서 조정하면 무늬와 바탕색이 모두 보이게 할 수 있다.

1 [Select]–[All]로 무늬 전체를 선택하고 [Edit]–[Copy]를 클릭한다.
2 원하는 부분을 마술봉 툴 🪄로 선택하고 [Edit]–[Paste Into]를 클릭한다.

Tip
이렇게 하면 무늬를 붙여넣을 때마다 레이어가 새로 생기면서 작업이 새로 생긴 레이어 위에 적용된다.

소재의 재질감 표현하기

질감에 따라 같은 디자인이라도 느낌이 매우 달라지므로, 옷감의 질감 표현도 패션 일러스트에서 매우 중요한 부분이다.

[Filter] - [Texture] 기능을 적절히 사용하면 크랙이 있는 가죽을 비롯해 여러 가지 재질 표현이 가능하다. 자연스러운 털결의 표현을 원한다면 툴 박스의 스머지 툴 로 직접 문지르면 효과적이다.

필터의 텍스처 효과

얼굴과 피부 표현하기

이제는 피부색을 입히고, 자신의 개성이 살아 있는 이목구비를 그려 넣을 차례이다.

1 마술봉 툴 로 얼굴 부분을 선택한 후 원하는 피부색을 택한다. 피부는 단숨에 넓은 면적을 같은 색으로 입히는 편이 깨끗하므로, 페인트 버킷 툴 또는 큰 사이즈의 브러시 툴 을 쓰면 쉽다.

피부와 이목구비 표현

　　패션 일러스트에서는 얼굴을 초상화처럼 자세히 그릴 필요는 없으며 디자이너의 개성과 의상 콘셉트를 살린 이목구비를 표현하는 것이 더 중요하다.

2 코나 눈의 그림자를 표현하면 더욱 입체적인 일러스트가 된다. 이목구비를 다 그린 후 이목구비를 제외한 얼굴 부분을 마술봉

툴 🖌으로 클릭해서 선택하고, 브러시 툴 🖌
로 피부색보다 좀 더 짙은 색으로 코, 눈꺼
풀, 머리카락 밑, 뺨 등에 그림자를 그린다.

3 걸리시 콘셉트의 의상 디자인과 어울리는
핑크색을 브러시 툴 🖌로 뺨과 입술에 칠하
고, 흰색에 가까운 밝은색으로 하이라이트
를 표현한다.

머리카락 채색하기

이제 남겨 둔 머리카락 부분을 좀 더 섬세하
게 채색해 보자. 원하는 머리색을 페인트 버
킷 툴로 채운 후 빛을 받는 부분을 직접 브러
시 툴 🖌로 그려 하이라이트를 만들어 준다.
필요에 따라 스머지 툴 🖑로 머릿결을 따라
하이라이트 부분을 문지르면 부드러운 결의
머리카락을 그릴 수 있다.

머리카락 채색과 표현

서명과 배경 채우기

마지막으로 흰색으로 남아 있던 배경을 마술
봉 툴 🖌로 선택하고, 원하는 배경 색상을 골
라서 페인트 버킷 툴 🪣로 붓는다. 배경색으로
는 착시현상이 적어 의상의 색을 제대로 드러
내 주는 회색 계통이 무난하다. 완성된 일러
스트에 자신의 서명과 제작한 날짜를 넣는다.

패션 일러스트
ⓒ 최정

패션 일러스트의 완성과 평가

패션 일러스트가 완성되었다면 이것을 보면서 리뷰하는 과정을 거친다. 패션 일러스트는 의상 디자인을 보기 위한 그림으로, 예술적 감각이 살아 있어야 하지만 자신이 원하는 창의적인 디자인의 기본 구조와 처음에 구상한 콘셉트가 함께 드러나야 한다.

패션 일러스트의 평가 항목

- 활동적인 걸리시 룩의 느낌이 살아 있는가?
- 헤어, 의상, 소품 디자인이 서로 방해하지 않고 조화를 이루는가?
- 10~30대 초반 여성으로서 활동적이며, 빈티지와 키치 유행에 관심이 많은 소비자층에게 어필할 만한 디자인인가?
- 나의 화풍이 드러나는가?

응용 과제

완성된 일러스트 의상의 색상과 재질을 바꾸어 보자. 색상과 재질이 달라지면 느낌이 매우 다른 의상이 나올 수 있다. 배경색에 브러시 툴로 붓자국을 내거나, 부분 부분을 거칠게 마술봉 툴이나 올가미 툴로 선택한 후 필터 효과를 넣거나, 재미있는 도안을 그려서 배경으로 붙여 넣으면 상당히 예술적인 느낌을 살린 일러스트를 만들 수도 있다.

Digital Fashion Design

PHASE 3

MARVELOUS DESIGNER 3

마블러스 디자이너 3 : 3D 디지털 패션 표현

WEEK 1
마블러스 디자이너 3

학습목표
3D 디지털 패션을 제작하기 위하여 마블러스 디자이너 3의
구조 및 활용법을 살펴본다.

마블러스 디자이너의 이해

현재 우리 사회는 나날이 발전하는 컴퓨터와 스마트 기기의 출현으로 더욱 디지털화되고 있다. IT 기술에 있어 다른 나라보다 빠른 발달을 한 우리나라는 인터넷이라는 가상세계에서 개인별로 많은 활동을 하고 있다. 간단하게는 리니지 같은 온라인 게임을 즐기고, 온라인 쇼핑을 하며, 스마트폰으로 페이스북이나 카카오톡 같은 소셜 네트워크 서비스(SNS)에 접속하여 지인들과 안부 또는 정보를 주고받는다. 모든 인간에게 주어진 24시간에서 잠자는 8시간과 일하는 8시간을 빼고 나머지 8시간을 어떻게 보내는지 조사해 보면 인터넷 속 가상세계와 우리가 얼마나 밀접하게 연관되어 있는지 알 수 있다.

패션 산업은 디지털 기술로 인하여 다양하게 발전하고 있다. 그중 가장 이슈가 되는 것이 IT 기술과 융합된 디지털 패션이다. 디지털 패션에는 의류 신소재와 디지털 하이테크의 결합인 스마트 섬유, 디지털 의류로 분류되는 웨어러블 컴퓨터, 가상의상 등 다양한 종류가 개발되고 있으며, 디지털 환경에서만 사용 가능한 가상패션이 개발·연구 중이다. 이렇게 디지털 패션이라는 개념 안에 다양한 기능을 하는 패션이 있으므로 '디지털 패션'이라는 용어를 사용할 때는 그 개념 정의를 정확하게 할 필요가 있다. 여기에서 언급하는 3D 디지털 패션이란 디지털 환경, 즉 컴퓨터 속 가상공간에서 사용되는 3차원의 가상패션이다.

3D 디지털 패션은 영화, 애니메이션, 게임 분야에서 주로 사용되며 디지털 아트 공연, 가상의상 박물관 등 다양한 엔터테인먼트 분야에서 새로운 가치를 창출하고 있다. 특히 게임과 영화에서 3D 그래픽이 필수 요소가 되면서, 3D 그래픽스 기술로 디지털 패션을 제작하는 것이 관심을 끌고 있다. 디지털 패션을 제작·판매하는 시장이 형성되어 새로운 부가가치가 생겨나고 있는 것이다.

글로벌 패션 트렌드가 어느 때보다 빠르게 변화하고 있다. 패션 기업들은 연간 시즌을 늘려 더욱 많은 스타일을 제공하려고 노력하고 있지만, 트렌드의 변화 속도를 통제할 수 있는 보다 스마트한 업무 방식을 채택하지 못하고 있다. 현재 패션 산업을 자세히 살펴보면 생산 공장의 해외 이전으로 인하여 인터넷을 통한 원거리 커뮤니케이션이 불가피해졌다. 요즈음에는 중국 해안 지역으로부터 인건비가 더욱 저렴한 베트남과 인도

마블러스 디자이너 3의 로그인 이미지

네시아 등으로 공장들이 이전하고 있다.

패션 산업을 디자인, 생산, 마케팅으로 나누어 본다면 이제 한 회사가 모든 것을 관장하는 것은 불가능하다. 거의 모든 산업에서 공장이 해외로 이전하고 있으며 패션 산업 역시 예외는 아니다. 공장이 해외에 위치하면 본사는 디자인을 결정하고 샘플을 제작한 뒤 그레이딩을 제작하여 해외에 보내게 된다.

이때 마블러스 디자이너 3를 활용하여 직접 디자인한 의상을 3D로 제작하여 공장에 오더를 한다면 엄청난 시간과 돈이 절약될 뿐만 아니라 패션 트렌드 변화에 보다 스마트한 업무 방식으로 대처할 수 있을 것이다. 소프트웨어 마블러스 디자이너 3은 카이스트에서 의상 시뮬레이션을 연구하던 연구자가 클로(CLO)라는 회사를 세워 보급하고 있는 의상 전문 소프트웨어이다.

지금부터 살펴볼 마블러스 디자이너 3은 의상 디자이너가 자신이 디자인한 의상을 곧장 3D로 착장시킬 수 있는 소프트웨어이다. 이것을 이용하면 2D 패턴 캐드 시스템으로 제작한 패턴 캐드의 데이터를 입히고, 마블러스로 직접 패턴을 제작하여 입힐 수도 있다.

마블러스는 '클로 3D'와 '마블러스 디자이너 3'라는 2가지 버전의 소프트웨어를 판매하고 있다. 두 소프트웨어는 거의 같은 구성이지만 '클로 3D'는 패턴 캐드 형식인 dxf 파일을 불러들일 수 있고, 애니메이션 기능이 마블러스 디자이너 3보다 활성화되어 있다.

마블러스 디자이너와 디지털 패션

최근 패션 업체들이 아이패션(i-fashion)에 관심을 보이고 있다. 아이패션이란 3차원 인체 측정 기술, 아바타 모형, 전자 카탈로그, 가상 거울, 무선 인식(RFID), 전자 마네킹 등 첨단 기술을 이용하여 고객이 직접 의류를 입어보지 않고도 가상공간에서 3차원 모델인 아바타에게 여러 가지 옷을 입혀 봄으로써 색상과 디자인, 스타일 등을 선택할 수 있는 시스템이다. 이러한 아이패션 시스템은 컴퓨터로 보는 패션이미지가 실제로 옷을 입어 봤을 때의 실루엣과 디테일, 컬러 등과 별 차이가 없어야 한다. 마블러스 디자이너의 기능을 살펴보면 위 내용에 적합한 프로그램이 바로 이것이라는 것을 알 수 있다. 마블러스 디자이너의 장점을 정리하면 다음과 같다.

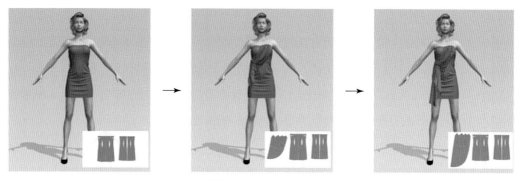
패턴이 의상창에 적용되는 모습

직관적인 작업을 돕는 다양한 기능

마블러스 디자이너를 이용하면 직관적인 패턴디자인 작업이 가능하다. 이 소프트웨어는 패턴캐드를 따로 사용하지 않고도 패턴을 디자인할 수 있도록 필요한 모든 기능을 제공한다.

간편한 디자인 수정

마블러스 디자이너는 텍스처, 패턴 등의 수정이 쉽고 빠르기 때문에 간단하게 의상디자인을 수정할 수 있다. 이를 통해 1벌의 샘플 의상으로 여러 벌의 샘플을 제작하는 효과를 얻을 수 있다.

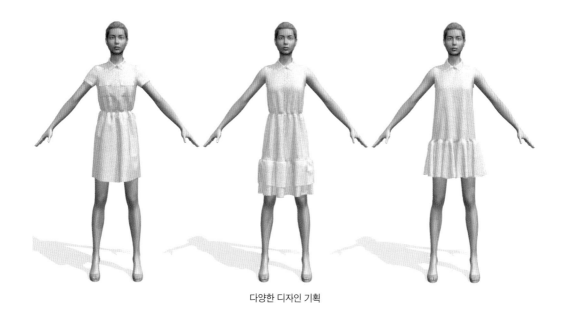
다양한 디자인 기획

복잡한 옷을 쉽게 제작

마블러스 디자이너를 이용하면 누구나 마우스 클릭만으로 바느질 선을 편집할 수 있으며, 다중 재봉 기능으로 복잡한 옷도 쉽게 제작할 수 있다. 이 소프트웨어는 턱(Tuck), 셔링(Shirring), 플리츠(Pleat), 개더(Gather), 다림질선(Ironed line) 설정과 같이 의상디자인에 꼭 필요한 디테일을 간단한 인터페이스를 사용하여 제작할 수 있도록 지원하고 있다.

마블러스로 표현할 수 있는 디테일

사실적인 옷감의 표현

마블러스 디자이너는 옷감의 물리적 특성을 디지털화하여 원단 물성 변경에 필요한 다양한 속성을 조절하는 기능을 가지고 있다. 데님, 가죽, 실크, 시폰, 울 등 원단의 다양한 속성이 제공되어 사실적인 옷감의 물성을 시뮬레이션 할 수 있다.

실시간 텍스처 삽입

3D 가상의상에 다양한 텍스처를 삽입하여 실시간으로 3D창에 적용시켜 볼 수 있다.

이토록 다양한 기능을 가진 마블러스 디자이너를 이용하면 디지털 패션디자인을 손쉽게 제작할 수 있다.

다양한 디자인 기획 시 원단 물성 변화 이미지(좌측부터 기본, 데님, 가죽)

다양한 텍스처를 적용한 3D 가상의상

마블러스 디자이너의 구성

마블러스 디자이너는 패턴을 아바타 주변에 배치하고 봉제해서 착장시키는 '의상창', 패턴을 제도하고 텍스처를 표현하는 '패턴창', 패턴창과 의상창의 물체를 목록으로 보여 주는 '물체창', 패턴의 정보를 나타내고 텍스처나 재질 및 물성 등의 속성을 조절하는 '속성창'으로 구성되어 있다.

의상창은 아래 사진에서 아바타가 서 있는 창이고, 패턴창은 의상창 오른쪽에 있는 방안 무늬의 창이다. 가장 오른쪽의 검은 부분 상단은 물체창, 하단이 속성창이다. 의상창과 패턴창의 상단에는 의상을 만들 수 있는 제작 툴바가 있다.

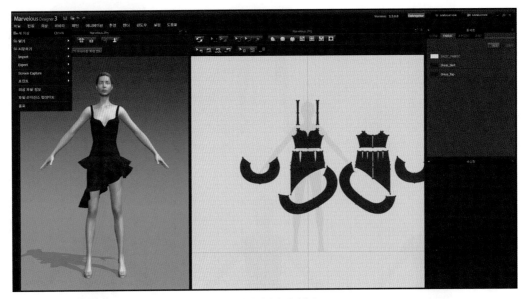

마블러스 디자이너의 인터페이스

의상창 위에 있는 툴바

패턴창 위에 있는 툴바

제작 툴에는 의상창에서 3D 의상을 조절할 수 있는 툴이 배치되어 있고, 패턴창 위에는 패턴 생성 및 편집 등을 조절할 수 있는 툴과 재봉선을 조절할 수 있는 재봉 툴, 텍스처를 조절할 수 있는 텍스처 툴이 배치되어 있다.

마블러스의 사용자는 마우스 휠과 오른쪽 버튼을 이용하여 화면을 제어하게 된다. 확대·축소, 이동, 의상창, 패턴창은 모두 마우스 휠로 조절할 수 있다. 아바타가 있는 의상창은 3차원의 환경으로 마우스 오른쪽 버튼을 이용하여 화면을 회전시킬 수 있다. 마우스를 컨트롤하는 방법은 다음과 같다.

1 패턴창에서 패턴을 크고 작게 하기 : 마우스 휠을 위아래로 이동시킨다.

2 패턴창에서 패턴을 이동시키기 : 마우스 휠을 누른 상태로 이동한다.

3 시뮬레이션창에서 아바타를 크게 하기 : 마우스 휠을 위아래로 이동시킨다.

4 시뮬레이션창에서 아바타를 360도로 돌려서 보기 : 마우스 오른쪽 버튼을 누른 상태로 이동시킨다.

마우스 컨트롤 방법

툴 모양	컨트롤 위치	사용 방법
이동		마우스 휠을 드래그하여 화면을 이동시킨다.
확대, 축소		마우스 휠을 아래로 굴리거나(확대) 위로 굴려(축소) 화면을 확대 또는 축소한다. 또는 마우스 왼쪽과 오른쪽 버튼을 동시에 누른 채 마우스를 위(축소), 아래(확대)로 드래그한다.
회전		아바타창에서 마우스 오른쪽 버튼을 드래그하여 화면을 회전시킨다.

마블러스 디자이너로 3D 의상을 제작하는 기본적인 프로세스는 아래와 같다.

마블러스 디자이너를 이용한 3D 의상 제작 프로세스

마블러스 디자이너 툴 모음

지금부터 마블러스 디자이너의 툴 사용 방법에 대해 알아보도록 하자.

패턴창 위에 있는 툴

- 동기화 툴 _ 패턴을 그리고 시뮬레이션 창에 패턴을 불러온다. 시뮬레이션 끝나면 꼭 다시 클릭하여 꺼야 한다.

- 패턴 편집 툴 1 _ 패턴의 선분 하나, 점 하나 등을 선택하여 편집하는 툴로 시뮬레이션 후 패턴을 수정·보완하는 데 사용한다.

- 패턴 편집 툴 2 _ 패턴 전체를 선택하여 전체적으로 크기를 조절할 수 있는 툴이다.

- 곡선 툴 _ 직선을 곡선화시킨다. 곡선화시키고 싶은 선을 클릭한 후 늘려서 암홀, 네크라인 등에 사용한다.

- 곡선 편집 툴 _ 곡선에 점을 추가하여 S곡으로 변화시키고 편집한다.

- 점 추가 툴 _ 직선이나 곡선에 점을 추가한다. 추가하고 싶은 선분에 마우스 오른쪽 버튼을 클릭하면 선분을 정확한 치수로 나누어 추가할 수 있다.

- 다각형 생성 툴 _ 패턴을 그릴 때 사용하는 툴로 직사각형 이외에 삼각형, 오각형 등 다양한 모양을 그릴 때 사용한다.

- 사각형 생성 툴 _ 사각형을 그릴 때 사용하는 툴이다. 이 툴을 클릭하고 패턴창에서 왼쪽 마우스 왼쪽 버튼을 클릭하면 정확한 치수를 적는 창이 뜨는데, 해당 창에 원하는 수치를 입력하여 사용한다.

- 원 생성 툴 _ 원을 그릴 때 사용하는 툴로 사각형 생성 툴과 같은 방식으로 사용한다.

- 내부 다각형, 사각형 생성 툴 _ 패턴 속 내부 선을 그릴 때 사용한다. 정확한 모양이 아니라 선분으로 사용하고자 할 때는 끝나는 점을 2번 클릭한다.

- 내부 원 생성 툴 _ 패턴 속 원을 그릴 때 사용한다. 단추를 제작할 때 사용한다.

- 다트 생성 툴 _ 패턴에 다트를 만들어 준다. 시뮬레이션창으로 패턴을 옮기면 다트 부분에 구멍이 생기므로 재봉 시 꼭 설정해 주어야 한다.

- 재봉선 선택 툴 _ 한 선분에 재봉이 여러 번 되면 에러가 자주 발생하는데, 이때 잘못된 재봉선을 선택하여 삭제·수정한다.

- 선분 재봉 툴 _ 패턴에서 한 선분과 선분을 재봉할 때 사용한다.

■ 자유 선분 재봉 툴 _ 여러 선분끼리 재봉할 때 사용한다.

■ 재봉선 보기 툴 _ 패턴에 재봉선이 복잡하게 있어 패턴 수정이 어려울 때 이 툴을 끄면 패턴만 보여서 수정하기가 편해진다.

■ 텍스처 편집 툴 _ 패턴의 텍스처를 수정한다. 패턴을 클릭하면 노란 원이 생성되는데 이것을 이용해서 수정한다.

■ 프린트 오버레이 생성 툴 _ 패턴에 텍스처를 불러올 때 사용한다.

■ 텍스처 보기 툴 _ 패턴에서 텍스처를 보이거나 보이지 않게 한다.

시뮬레이션 위에 있는 툴

■ 시뮬레이션 툴 _ 아바타 모델에 의상을 입혀 준다.

■ 패턴 선택 툴 _ 시뮬레이션창에서 패턴을 이동하고자 할 때 사용한다.

■ 핀 고정 툴 _ 의상을 핀으로 고정하여 시뮬레이션할 때 움직이지 않도록 한다.

■ 패턴 재배치 툴 1 _ 아바타에 시뮬레이션되어 있는 패턴을 다시 평면으로 재배치한다.

■ 패턴 재배치 툴 2 _ 아바타에 시뮬레이션되어 있는 패턴을 아바타 주위로 다시 배치한다.

■ 의상 보기 툴 _ 아바타의 의상을 보여 준다.

■ 접촉점 보기 툴 _ 아바타의 시뮬레이션되어 있는 의상과 아바타 사이의 접촉점을 보여 준다.

■ 재봉선 보기 툴 _ 시뮬레이션되어 있는 의상에 재봉선을 보여 준다.

■ 재봉실 보기 툴 _ 시뮬레이션되어 있는 의상이 서로 어떻게 연결되어 있는지 재봉실을 보여 준다.

■ 핀 보기 툴 _ 핀으로 고정 후 시뮬레이션 했을 때 핀을 보이거나 보이지 않게 한다.

■ 아바타 보기 툴 _ 아바타를 보이지 않게 하여 의상만 보이게 한다.

■ 배치 포인트 보기 툴 _ 아바타 주의에 패턴을 배치한다.

■ 배치판 보기 툴 _ 배치 포인트를 이용하여 아바타에 패턴을 배치할 때, 배치판의 원통처럼 배치되는 것을 보여 준다.

■ X-Ray 관절 보기 툴 _ 아바타의 관절을 보여 주며 아바타의 포즈를 변경할 수 있다.

■ 텍스처 표면 보기 툴 _ 시뮬레이션했을 때 의상의 원단 표면을 보여 준다.

■ 두꺼운 텍스처 표면 보기 툴 _ 원단의 실제 두께를 보여 준다.

■ 단색 표면 보기 툴 _ 원단의 한쪽 표면을 보여 준다.

■ 메시 툴 _ 원단의 입자 간격을 보여 준다. 원단의 입자 간격이 좁을수록 자연스럽다.

■ 변형률 분포 툴 _ 아바타에게 의상이 잘 맞는지, 너무 타이트한지 확인시켜 준다.

■ 아바타 텍스처 표면 보기 툴 _ 아바타의 피부색, 머리 등을 모두 보여 준다.

■ 아바타 단색 표면 보기 툴 _ 아바타를 마네킹처럼 단색으로 보여 준다.

■ 아바타 메시 툴 _ 아바타의 입자 간격을 보여 준다.

마블러스 디자이너 단축키

마블러스 디자이너도 다른 2D 그래픽 프로그램처럼 단축키를 사용할 수 있다.

- 복사 : Ctrl + C
- 뒤집어 붙이기 : Ctrl + R
- 새로 만들기 : Ctrl + N
- 3D 의상 고정하기 : W
- 선분 길이 보기 : Ctrl + L
- 붙이기 : Ctrl + V
- 삭제 : Ctrl + Z
- 저장하기 : Ctrl + S
- 3D 의상 움직이기 : Q

WEEK 2
기본 스타일 제작하기

학습목표
사용 빈도가 높은 툴을 이용해 기본 원피스와 플레어스커트를
제작하고, 3D 디지털 패션 제작의 기본 순서를 익힌다.

마블러스 툴을 이용하여 기본 스타일 제작

다트가 없는 원피스 만들기

1 [파일]에서 [새로 만들기]를 클릭하여 새 창을 연다.

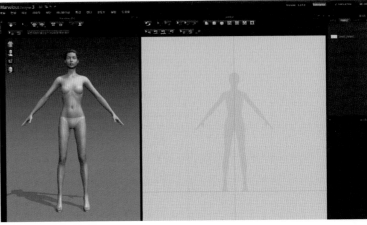

2 오른쪽의 패턴창 상단 툴바에서 다각형 생성 툴▣을 클릭하여 원피스 패턴 앞판을 자유롭게 그려 준다. 이때 2D창에 나타나는 인체의 실루엣보다 패턴을 크게 그려 주어야 한다. 몸통의 두께가 25cm가 넘기 때문이다. 옆 그림에서도 실루엣 넓이의 반 정도를 더 크게 그려 주었다.

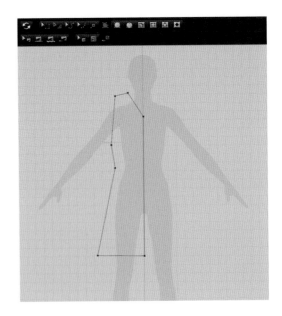

3 곡선 툴 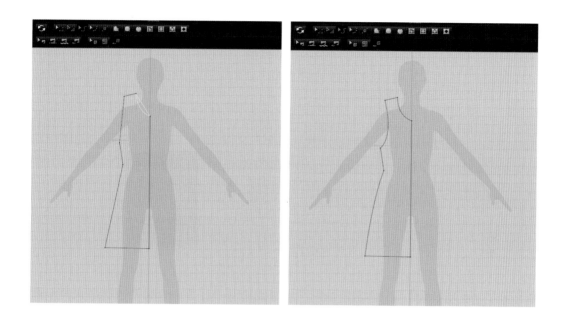을 이용하여 목둘레와 암홀, 스커트 밑단을 곡선으로 조정한다.

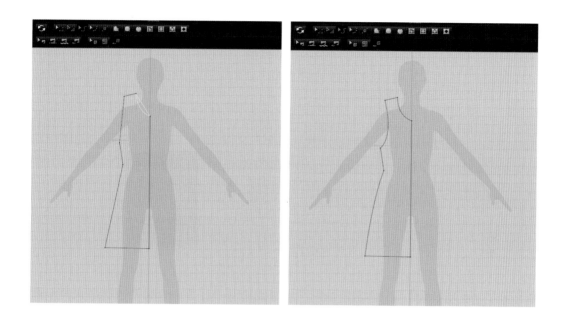

4 패턴 편집 툴 1을 클릭한 후 앞에서 그린 패턴의 앞 중심선을 선택하여 골선 펴기를 한다.

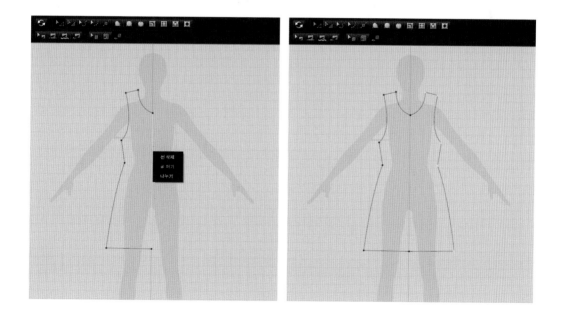

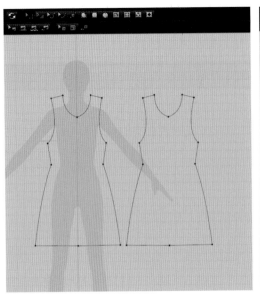 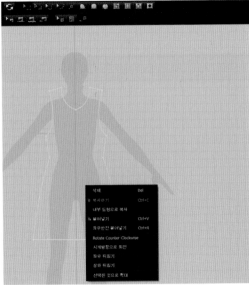

5 앞판 전체를 선택하여 복사한다(단축키 : Ctrl+C, Ctrl+V). 또는 마우스 오른쪽 버튼을 이용하여 복사한다.

6 곡선 툴로 뒷목둘레를 수정한다.

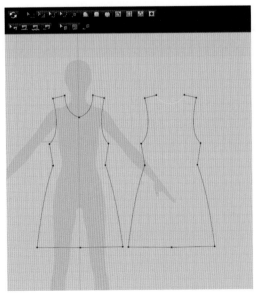 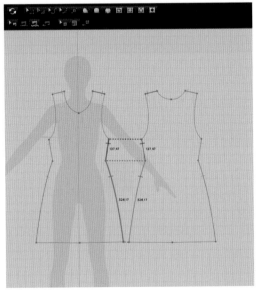

7 선분 재봉 툴 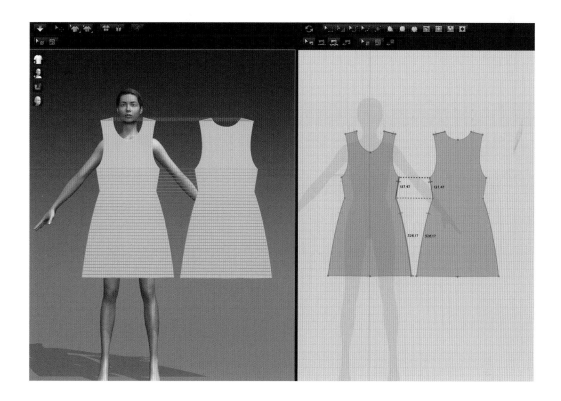로 앞판과 뒤판의 어깨와 옆선을 연결해 준다. 이때 재봉선이 평행이 되도록 패턴을 연결한다.

8 재봉 툴 설정이 끝나면 동기화 툴 을 이용하여 의상창으로 패턴을 불러온다.

9 배치 스피어 또는 배치 포인트 보기 툴  을 이용하여 의상창에서 동기화된 패턴을 아바타 모델에게 배치한다. 의상창에서 패턴을 아바타에 가깝게 알맞은 위치에 배치할수록 시뮬레이션이 원활하게 이루어지기 때문에 패턴을 배치하는 것이 중요하다. 특히 뒤판의 패턴은 배치 포인트로 할 때 자동으로 앞면과 뒷면이 구별되어 좌우 뒤집기가 되지만, 배치 스피어로 패턴을 배치할 때에는 뒤판 패턴 위에서 마우스 오른쪽 버튼을 클릭하여 팝업 메뉴를 띄우고 [좌우 뒤집기]를 클릭하여 앞뒷면을 올바르게 맞추어야 한다.

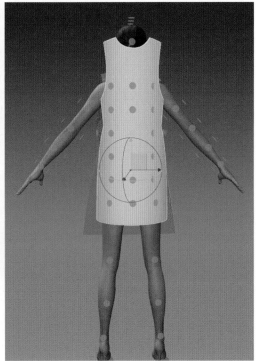

10 의상창에 패턴을 다 배치하면 시뮬레이션 툴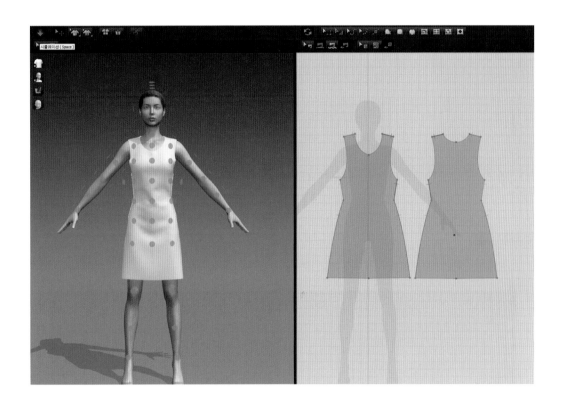을 클릭하여 아바타에 원피스를 입힌다.

11 시뮬레이션이 완료되면 시뮬레이션 툴, 동기화 툴, 배치 포인트 보기 툴을 한 번 더 클릭하여 끈다. 시뮬레이션 툴 및 기능 툴이 활성화되어 있으면 그만큼 컴퓨터가 느려지 므로 툴을 꺼 주어야 한다.

12 [파일]에서 [저장하기] 탭 중 [의상] 또는 [프로젝트]로 저장해 준다(단축키 : Ctrl + S).

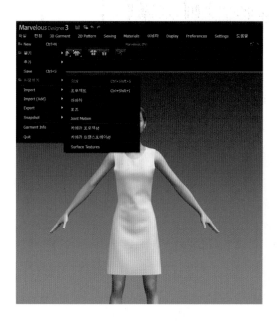

앞서 배운 것을 응용하여 반팔 티셔츠를 만들어 보자.

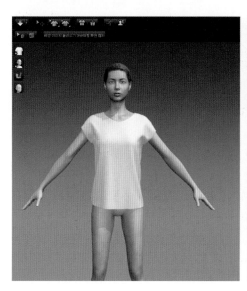 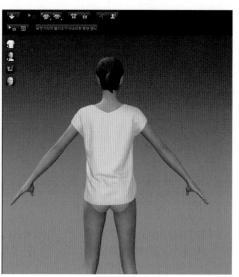

플레어스커트 만들기

1 [파일]의 [새로 만들기]를 클릭하여 새 창
을 연다.

2 원 생성 툴 ▩을 이용하여 큰 원을 그려
준다.

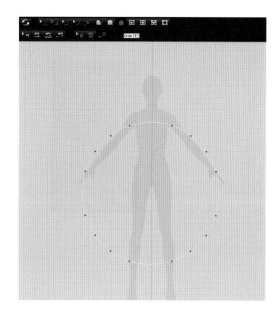

3 큰 원 안에 구멍을 만들기 위해서는 다트 생성 툴 ▩을 이용한다. 이때 다트의 크기는 정사
각형 사이즈(100×100×100×100mm)로 하고, 곡선 툴 ▩을 이용하여 다트의 직선을 곡선
화한다.

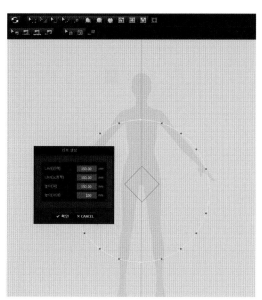

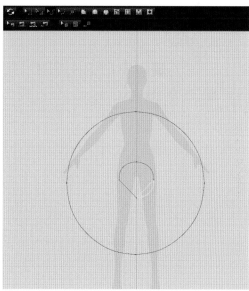

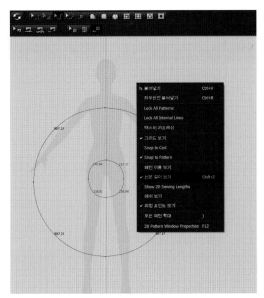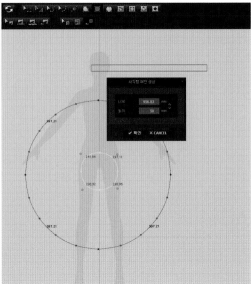

4 허리 밴드를 제작하기 위하여 다트로 만든 원 둘레와 똑같은 길이로 패턴을 만든다. 이때 패턴창 빈 곳에 오른쪽 마우스를 클릭하여 [선분 길이 보기]를 체크하면 정확한 원 둘레, 즉 허리둘레 치수를 알 수 있다.

5 계산된 허리둘레 치수로 사각형 생성 툴■을 이용해 허리 밴드를 만들어 준다. 이때 사각형 생성 툴■을 클릭 후, 패턴창에서 마우스 왼쪽 버튼을 다시 클릭하면 사각형 패턴 생성 치수를 설정하는 입력창이 나온다. 여기에 허리둘레 치수와 허리밴드 폭(높이)을 입력하여 밴드를 만든다.

6 선분 재봉 툴■로 허리 밴드의 양끝을 연결해 주고, 자유 선분 재봉 툴■로 다트 둘레와 허리 밴드를 연결해 준다.

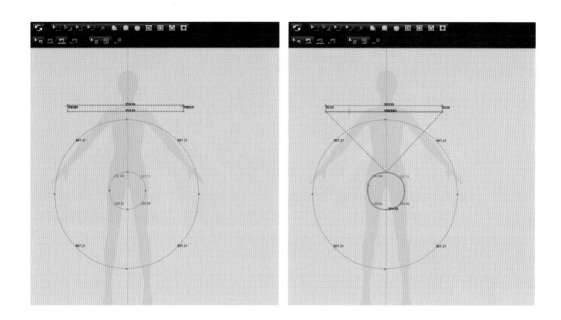

7 동기화 툴 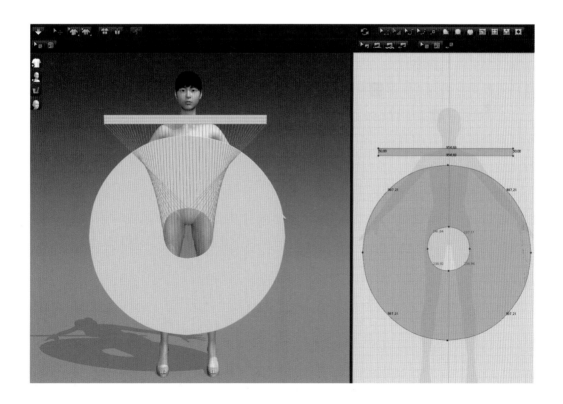을 클릭하여 의상창으로 패턴을 불러온다.

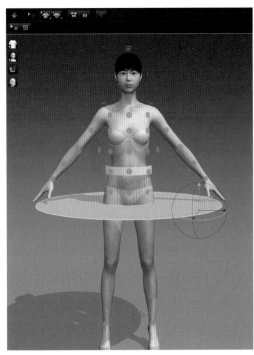
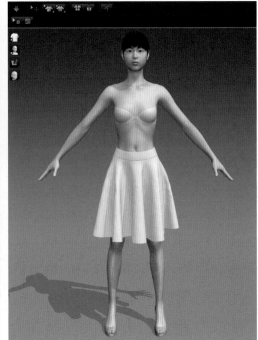

8 배치 포인트 및 배치 스피어를 이용하여 아바타 주위에 패턴을 배치한 후, 시뮬레이션 툴 을 클릭하여 시뮬레이션을 실행한다.

9 수정할 때는 꼭 동기화 툴 과 시뮬레이션 툴 을 끈 후 수정한다. 그 후 다시 동기화 툴 , 시뮬레이션 툴 을 클릭하여 수정 후 모습을 확인한다.

10 [파일]의 [저장하기] 탭 중 [의상] 또는 [프로젝트]로 저장해 준다(단축키 : Ctrl + S).

WEEK 3
텍스타일 삽입하기

학습목표
제작된 3D 의상에 텍스타일을 삽입하는 여러 가지 방법을 익힌다.

텍스타일 삽입하기

파일 불러오기

저장해 놓은 원피스 또는 스커트 파일을 불러온다.

원단 컬러 변경하기

1 물체창에서 [Basic Fabric]을 클릭하면 속성창에 관련 정보가 나온다.

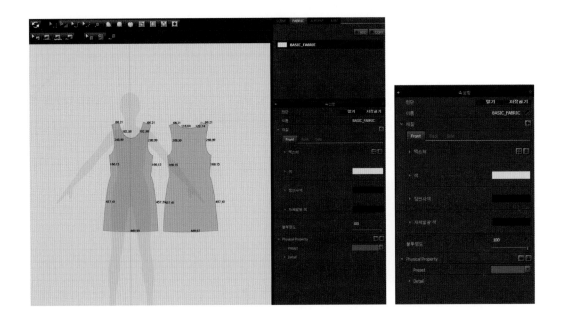

2 [색] 탭을 클릭하면 [Color Dialog]가 뜬다. 여기서 원하는 컬러를 설정해 준다.

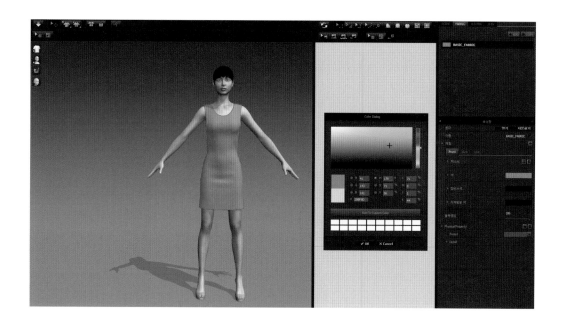

전체 텍스타일 적용하기

1 물체창에서 [베이직_패브릭]을 클릭하면 아래 속성창에 관련 정보가 나온다.

2 속성창에서 [텍스처] 탭의 아이콘 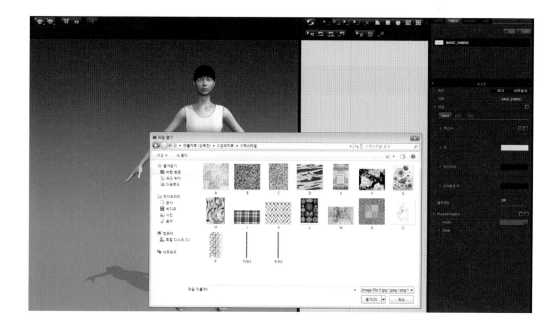을 누르면 텍스처를 불러올 수 있는 문서창이 뜬다.

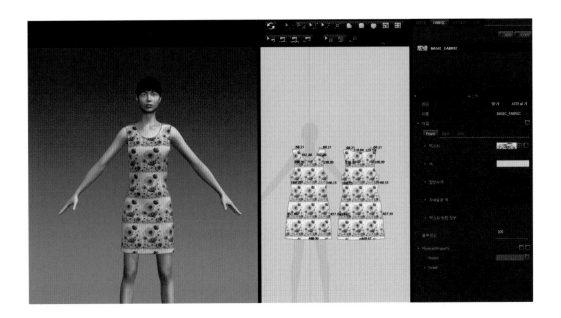

3 원하는 텍스타일을 선택하면 패턴이 저절로 입혀진다.

4 텍스타일 모양을 수정하고자 할 때는 텍스처 편집 툴▶圖을 클릭하고, 다시 패턴창의 패턴을 클릭하면 수정 편집 스피어가 생성된다. 이 스피어로 원하는 크기와 방향을 설정해 준다.

5 완성된 모습은 다음과 같다. 이외에도 텍스처 이미지 파일이 들어 있는 문서창에서 바로 마우스 왼쪽 버튼으로 끌어 옮겨 패턴창의 패턴에 클릭하면 텍스처가 입력된다.

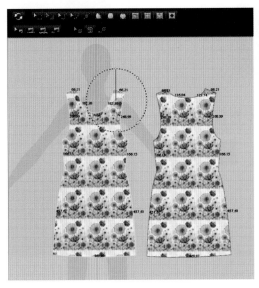

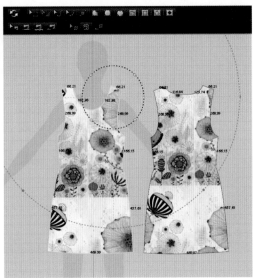

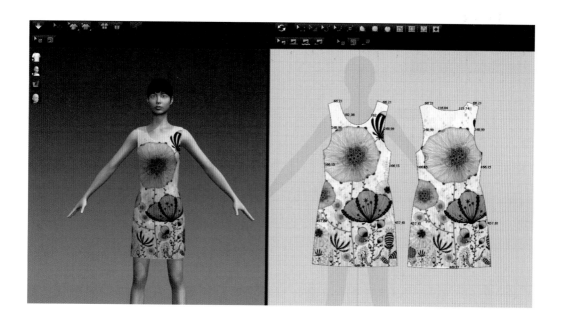

부분 텍스처 삽입하기

1 원피스 패턴에 원하는 컬러를 입혀 준다.

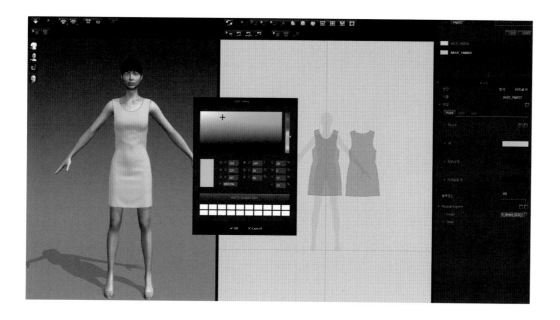

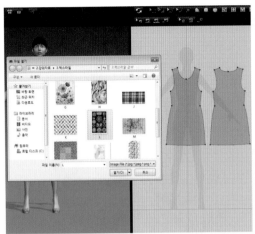
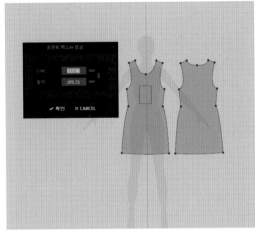

2 패턴창 위의 프린트 오버레이 생성 툴 ▦ 을 클릭하면 텍스처 문서창이 뜬다. 원하는 텍스처를 클릭하여 열고, 텍스처가 삽입될 패턴을 클릭하면 [프린트 텍스처 생성]창이 뜬다.

3 텍스처의 너비와 높이를 입력하고 확인을 클릭하면 패턴창에 텍스처가 나타난다. 이것을 의상창에 불러오기 위해 동기화 툴 ↻ 을 클릭하면 텍스처가 입혀진다.

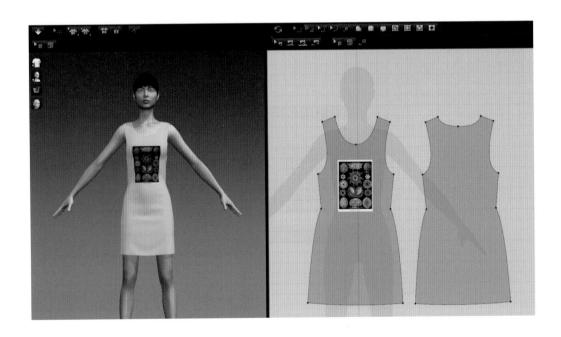

원단의 물성 조절하기

1 물체창에서 [Basic Fabric]을 클릭하면 속성창에 관련 정보가 나온다. 여기서 [Physical Property] – [Preset]을 클릭하면 다양한 물성의 정보를 볼 수 있다.

2 원하는 물성을 클릭하고 시뮬레이션 툴 ⬇ 을 클릭하여 모양을 확인한다.

Basic Fabric

Knit

Leather

원단 투명도 조절하기

[Basic Fabric]을 클릭하면 속성창에서 불투명도를 조절할 수 있는데, 이를 이용하여 시스루 느낌을 연출할 수 있다.

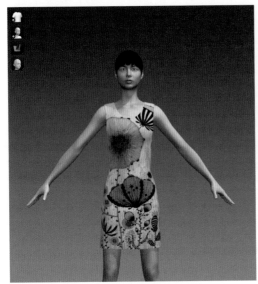

Basic Fabric

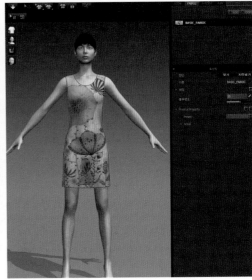

불투명도를 55로 조절한 Fabric

파일 저장하기

파일에서 저장하기 탭 중 의상 또는 프로젝트를 클릭하여 저장해 준다(단축키 : Ctrl + S).

응용 과제

앞서 배운 것을 응용하여 반팔 티셔츠에 텍스처를 삽입해 보자.

WEEK 4
패턴 이미지를 이용하여 스타일 제작하기
: 스커트

학습목표
패턴 이미지를 활용한 다양한 스커트 제작 방법을 익힌다.

패턴 이미지를 이용한 스커트 제작

1 사각형 툴 을 이용하여 커다란 사각형(1,000×1,000mm)을 그린다.

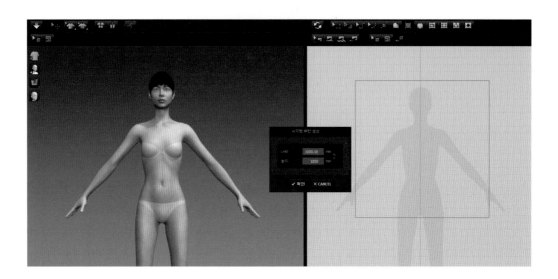

2 패턴창 위의 프린트 오버레이 생성 툴 을 클릭하면 패턴 이미지 문서창이 뜬다. 원하는 패턴 이미지를 클릭하여 연다.

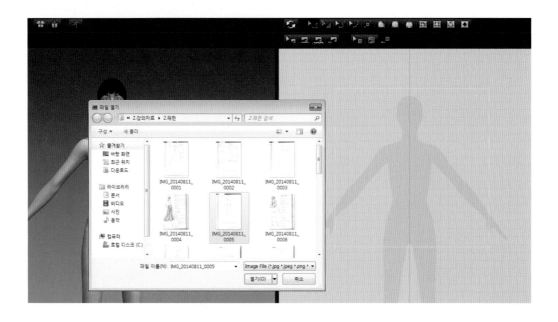

3 사각형 패턴을 클릭하면 [프린트 텍스처 생성]창이 생성되는데, 사각형 패턴 크기에 맞추어 너비를 1,000mm로 설정하고 [확인] 버튼을 클릭하면 패턴 이미지가 보인다.

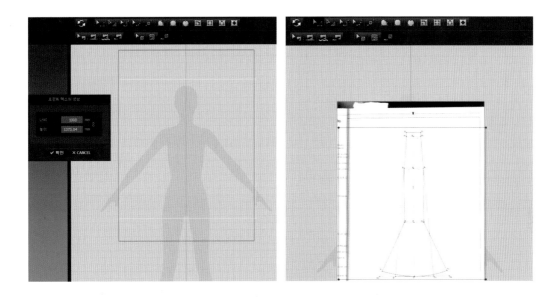

4 다각형 생성 툴 █ 과 곡선 툴 █ 을 클릭하고 패턴 이미지의 선을 따라 그대로 그려 준다.

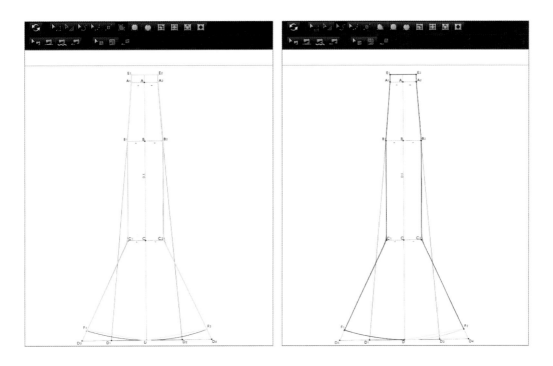

5 사각형과 패턴 이미지를 삭제하면 그린 패턴만 남는다.

6 패턴 편집 툴 1 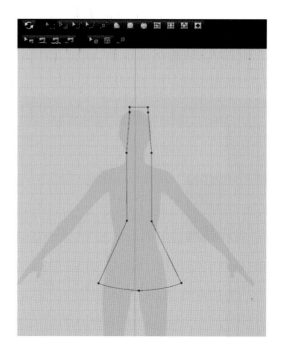을 이용하여 고어드스커트 스타일의 패턴을 선택하여 5쪽을 복사하여 붙여넣기한다(단축키 : Ctrl+C, Ctrl+V).

7 자유 선분 재봉 툴로 스커트 옆선을 연결해 준다. 이때 나타나는 선분의 색깔과 너치 표시는 봉제하는 위치를 제시하는 것으로, 너치 방향과 봉제선이 꼬이지 않게 주의해야 한다.

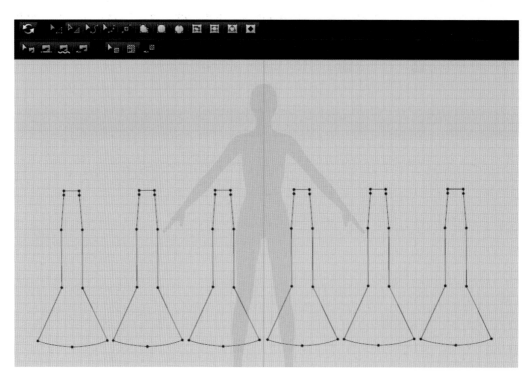

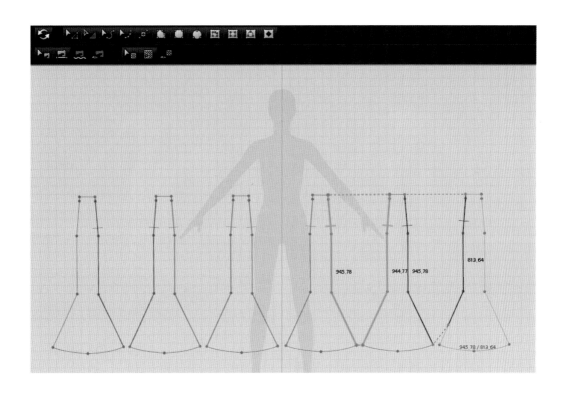

8 재봉 툴 설정이 끝나면 동기화 툴 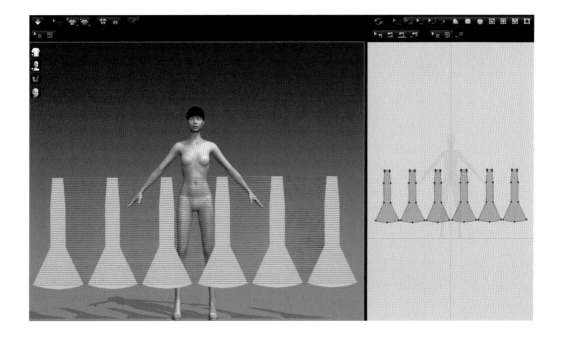을 이용하여 의상창으로 패턴을 불러온다.

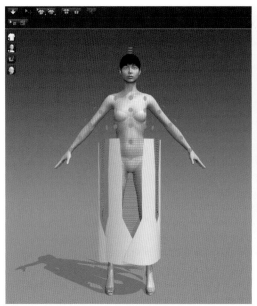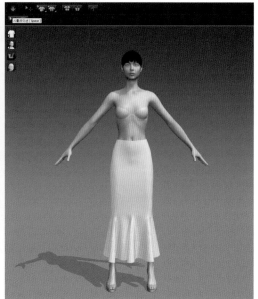

9 배치 스피어 또는 배치 포인트 보기 툴 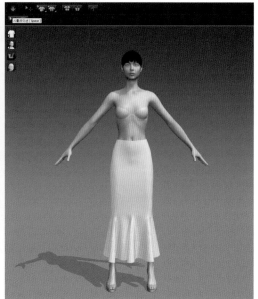을 이용하여 의상창에서 동기화된 패턴을 아바타
모델에게 배치하고 시뮬레이션 툴 을 클릭하여 아바타에게 스커트를 입힌다.

10 수정 시 꼭 동기화 툴 과 시뮬레이션 툴 을 끈 후 수정한다. 그 후 다시 동기화 , 시뮬
레이션 툴 을 클릭하여 의상 수정 후의 모습을 확인한다.

11 [파일]에서 [저장하기] 탭 중 의상 또는 프로젝트로 저장해 준다(단축키 : Ctrl+S).

앞서 배운 것을 응용하여 A라인 스커트를 만들어 보자.

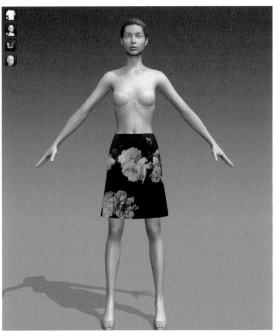

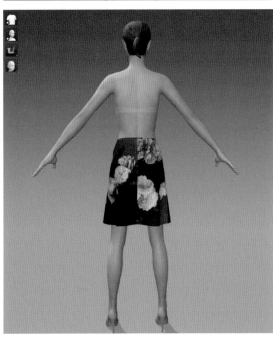

WEEK 5
패턴 이미지를 이용하여 스타일 제작하기
: 팬츠

학습목표
패턴 이미지를 활용한 다양한 팬츠 제작 방법을 익힌다.

패턴 이미지를 이용한 팬츠 제작

1 사각형 툴█을 이용하여 커다란 사각형(1,000×1,000mm)을 그린다.

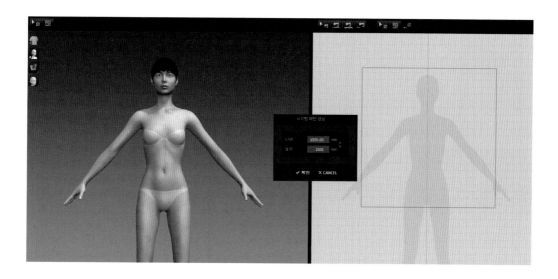

2 패턴창 위의 프린트 오버레이 생성 툴█을 클릭하면 패턴 이미지 문서창이 뜬다. 원하는 패턴 이미지를 클릭하여 연다.

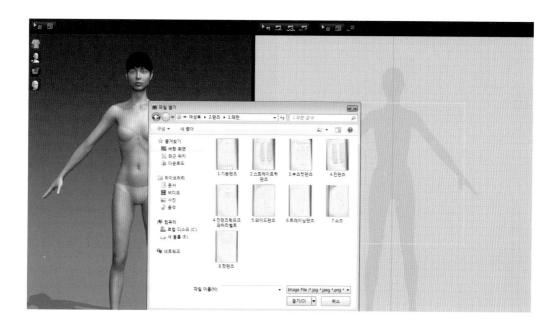

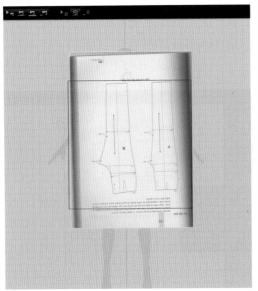
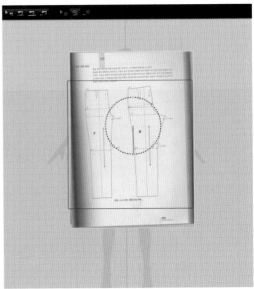

3 사각형 패턴을 클릭하면 [프린트 텍스처 생성]창이 생성되는데, 사각형 패턴 크기에 맞춰 너비를 1,000mm로 설정하여 확인 버튼을 클릭하면 패턴 이미지가 보인다. 이때 패턴 이미지가 거꾸로 되어 있다면 텍스처 편집 툴 🔲을 이용하여 수정해 준다.

4 다각형 생성 툴 🔲과 곡선 툴 🔲을 클릭하고 패턴 이미지의 선을 따라 그대로 그려 준다.

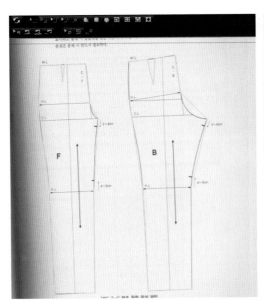
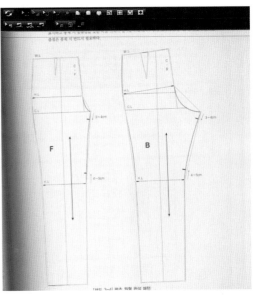

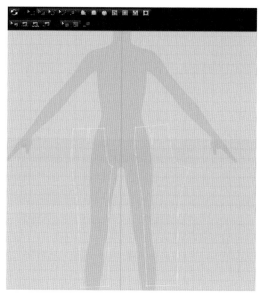
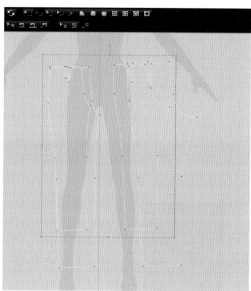

5 사각형과 패턴 이미지를 삭제하면 패턴만 남는다. 이때 아바타 그림자보다 패턴이 작을 경우 패턴 편집 툴 2 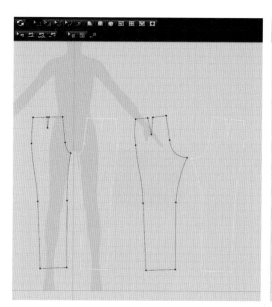를 이용하여 패턴의 크기를 키워 준다.

6 바지 양쪽을 제작하기 위해서 반쪽으로 그린 패턴을 복사하고(단축키 : Ctrl + C), 좌우 반전 붙여넣기(단축키 : Ctrl + R)로 나머지 패턴을 만들어 준다. 봉제를 쉽게 하기 위해 위치를 바

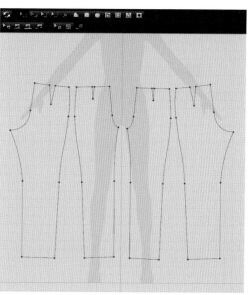

꾸어 준다. 또한 왼쪽 바지통 패턴끼리, 오른쪽 바지통 패턴끼리 정렬해 준다.

7 허리 밴드를 제작하기 위해서는 바지 패턴의 부위별 길이를 확인해야 한다. 패턴이 없는 빈 공간에 마우스 오른쪽 버튼을 클릭하여 편집 관련 매뉴얼을 띄우고 [선분 길이 보기] 탭을 클릭하여 부위별 길이를 확인한다.

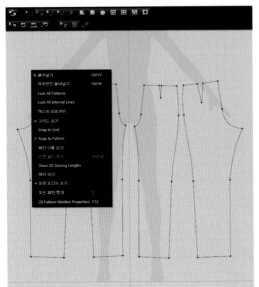
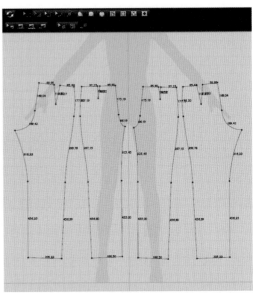

8 앞판과 뒤판의 허리 부분 길이를 합한 치수로 허리 밴드를 만든다. 이때 사각형 생성 툴■을 이용하여 밴드 너비와 높이를 입력하여 밴드 패턴을 만들어 준다.

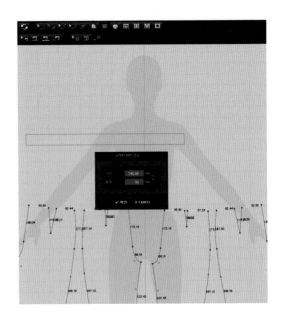

9 바지 패턴과 재봉을 위해 허리 밴드에 점 추가 툴 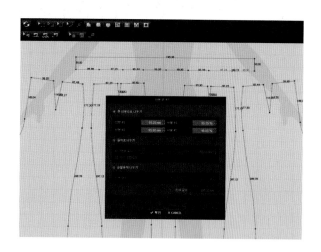로 바지 패턴의 허리 부위와 같은 길이에 점을 찍어 준다. 허리 밴드의 절개선이 바지의 앞 중심과 맞아야 하므로, 허리밴드 양쪽 끝 부분이 바지 중심선에 오도록 점의 위치를 정해야 한다. 점을 추가하고 싶은 부분에 커서를 가져가서 마우스 오른쪽 버튼을 클릭하면 정확한 치수로 점을 찍을 수 있다.

10 자유 선분 재봉 툴 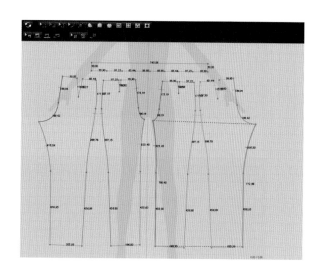을 이용하여 바지 옆선을 연결하고, 선분 재봉 툴 로 허리 부분 및 다트를 재봉한다. 이때 나타나는 선분의 색깔과 너치 표시는 봉제하는 위치를 제시해 주는 것으로, 너치의 방향과 봉제선이 꼬이지 않도록 주의해야 한다.

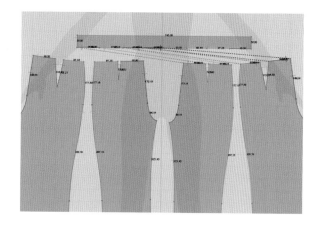

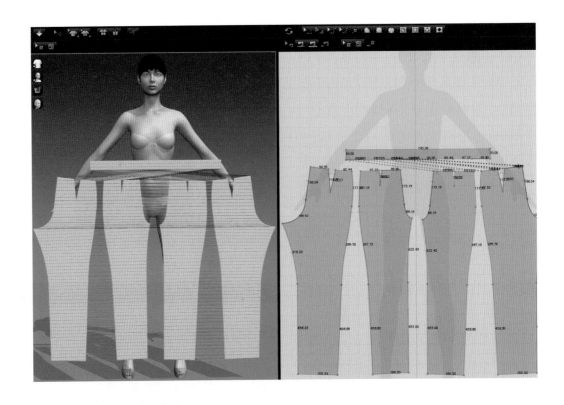

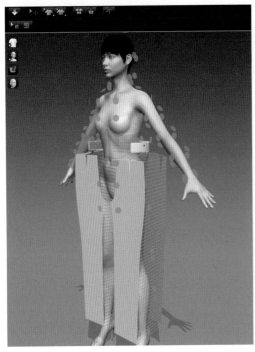

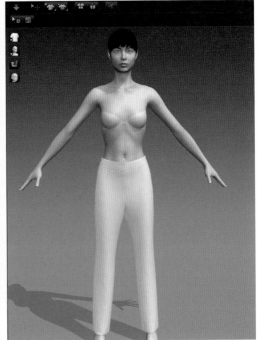

11 재봉 툴 설정이 끝나면 동기화 툴 을 이용하여 의상창으로 패턴을 불러온다.

12 배치 스피어 또는 배치 포인트 보기 툴 을 사용하여 의상창에서 동기화된 패턴을 아바타 모델에게 배치하고 시뮬레이션 툴 을 클릭하여 아바타에게 바지를 입힌다.

13 수정 시 꼭 동기화 툴 과 시뮬레이션 툴 을 끈 후 수정한다. 그 후 다시 동기화 툴 , 시뮬레이션 툴 을 클릭하여 의상 수정 후 모습을 확인한다.

14 [파일]의 [저장하기] 탭 중 [의상] 또는 [프로젝트]로 저장한다(단축키 : Ctrl + S).

응용 과제

앞서 배운 것을 응용하여 다른 디자인의 바지를 만들어 보자.

WEEK 6
패턴 이미지를 이용하여 스타일 제작하기
: 원피스

학습목표
패턴 이미지를 활용한 다양한 원피스 제작 방법을 익힌다.

패턴 이미지를 이용한 원피스 제작

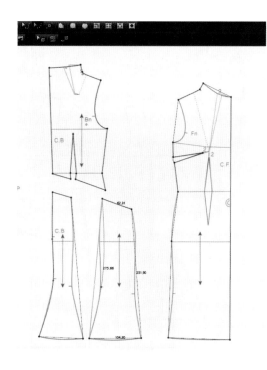

1 사각형 툴■을 이용해 커다란 사각형 (1,000×1,000mm)을 그린다.

2 패턴창 위의 프린트 오버레이 생성 툴■을 클릭하면 패턴 이미지 문서창이 뜬다. 원하는 패턴 이미지를 클릭하여 연다.

3 사각형 패턴을 클릭하면 프린트 텍스처 생성창이 생성되는데, 사각형 패턴 크기에 맞춰 너비를 1,000mm로 설정하고 확인 버튼을 클릭하면 패턴 이미지가 보인다.

4 다각형 생성 툴■과 곡선 툴■을 클릭하고 패턴 이미지의 선을 따라 그대로 그려 준다.

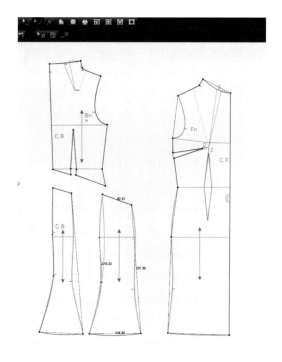

5 곡선 편집 툴■로 변화를 주고자 하는 선을 클릭하고 원하는 방향으로 드래그하여 S자 곡선을 그려 준다.

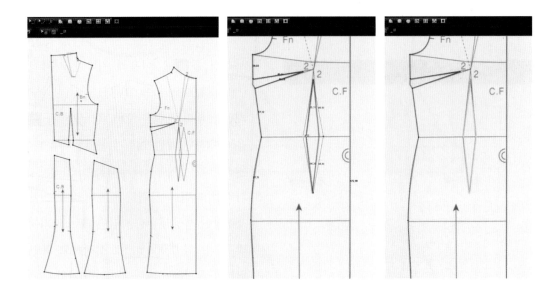

6 다트 생성 툴 ▣을 이용하여 다트 위 꼭짓점부터 아래로 드래그하여 패턴 이미지에서 보이는 길이만큼 앞 중심 다트를 그려 준다. 패턴 편집 툴 1 ▶▶로 다트 폭을 그림대로 수정해 준다.

7 사각형과 패턴 이미지를 삭제하면 그린 패턴만 남는다.

8 패턴을 아바타 그림자 크기에 맞추어 크기를 패턴 편집 툴 2 ▶▶를 이용해 조절한 후, 앞판의 앞 중심선을 마우스 오른쪽 버튼을 클릭하여 '골펴기'를 하고, 뒤판은 복사하여 좌우 반전 후 붙여넣기하여 반쪽 패턴을 만들어 준다(단축키 : Ctrl + C, Ctrl + R).

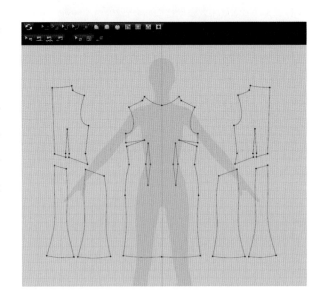

9 자유 선분 재봉 툴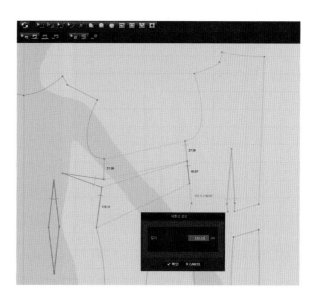과 선분 재봉 툴
을 이용하여 원피스를 재봉해 준다.

원피스의 옆선을 봉제할 때 선분의 길이
가 다르다면 자유 선분 재봉 툴을 이용
하여 앞판의 짧은 부분의 옆선을 먼저 지
정한다. 이때 재봉선의 선분 길이가 나타
난다.

지정한 옆선과 함께 봉제될 뒤판 옆선
의 시작점을 클릭하여 드래그하다가 마
우스 오른쪽 버튼을 클릭하면 [재봉선 생
성]이 뜬다. 여기에 먼저 지정한 옆선 길
이를 입력하여 봉제할 선의 길이를 맞추
어 준다.

10 재봉 툴 설정이 끝나면 동기화 툴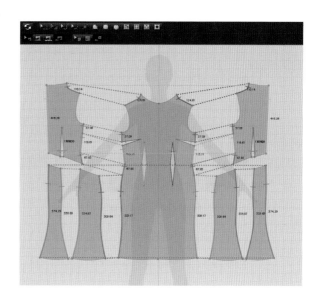을
이용하여 의상창으로 패턴을 불러온다.

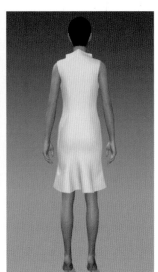

11 배치 스피어 또는 배치 포인트 보기 툴 을 사용하여 의상창에서 동기화된 패턴을 아바타 모델에게 배치하고 시뮬레이션 툴 을 클릭하여 원피스를 입힌다.

12 수정 시 꼭 동기화 툴 과 시뮬레이션 툴 을 끈 후 수정해 준다. 그 후 다시 동기화 툴 , 시뮬레이션 툴 을 클릭하여 의상 수정 후 모습을 확인한다.

13 [파일]의 [저장하기] 탭 중 [의상] 또는 [프로젝트]로 저장해 준다(단축키 : Ctrl + S).

응용 과제

앞서 배운 것을 응용하여 다른 디자인의 원피스를 만들어 보자.

WEEK 7
패턴 이미지를 이용하여 스타일 제작하기
: 재킷

학습목표
패턴 이미지를 이용한 다양한 재킷 제작 방법을 익힌다.

패턴 이미지를 이용한 재킷 제작

1 사각형 툴을 이용하여 큰 사각형(1,000×1,000mm)을 그려 준다.

2 패턴창 위의 프린트 오버레이 생성 툴을 클릭하면 패턴 이미지 문서창이 뜬다. 원하는 패턴 이미지를 클릭하여 연다.

3 사각형 패턴을 클릭하면 [프린트 텍스처 생성]이 뜨는데, 사각형 패턴 크기에 맞추어 너비를 1,000mm로 설정하여 확인 버튼을 클릭하면 패턴 이미지가 보인다.

4 다각형 생성 툴과 곡선 툴을 클릭하고 패턴 이미지의 선을 따라 그대로 그려 준다.

5 사각형과 패턴 이미지는 삭제하면 그린 패턴만 남는다. 이때 패턴의 크기는 아바타의 그림자 크기와 비슷하게 확대해 준다.

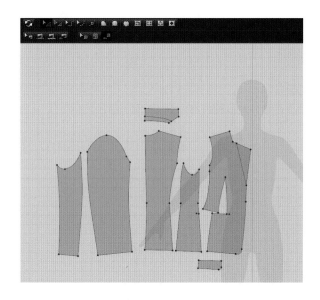

6 마우스 오른쪽 버튼으로 칼라의 뒤 중심을 클릭하여 '골펴기'를 해 주고 앞판과 뒤판, 소매, 주머니 패턴은 복사하고 좌우 반전 후 붙여넣기를 하여 반쪽 패턴을 만들어 준다(단축키 : Ctrl+C, Ctrl+R).

7 선분 재봉 툴 또는 자유 선분 재봉 툴을 이용해 재킷을 전체적으로 봉제해 준다. 이때 나타나는 선분의 색깔과 너치 표시는 봉제하는 위치를 제시하는 것으로, 너치 방향과 봉제선이 꼬이지 않도록 주의해야 한다.

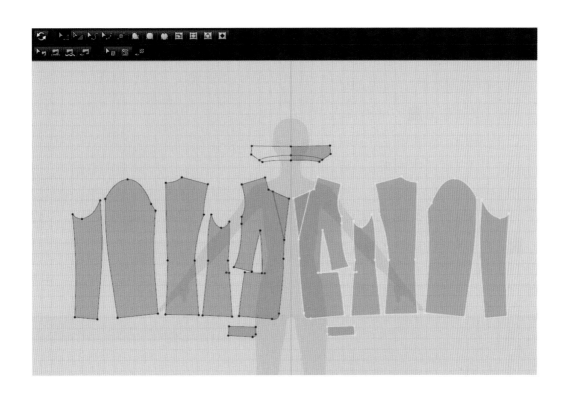

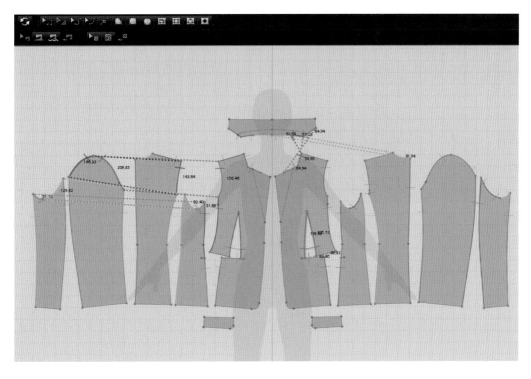

8 주머니는 겉감에 덧붙여 주는데 이 때 주머니 위치로 표시해 둔 내부 선과 주머니 앞부분을 길이를 맞춰 자유 선분 재봉 툴 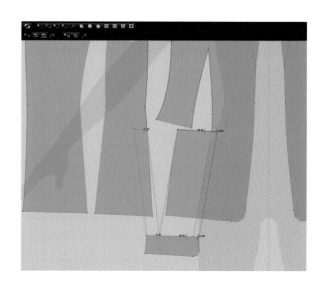 로 재봉하고, 한 번 재봉된 겉감의 주머니 위치 에 다시 봉제해 준다. 나머지는 옆 판의 내부선에 재봉해 준다.

9 재봉 툴 설정이 끝나면 동기화 툴 을 이용하여 의상창으로 패턴을 불러온다.

10 배치 스피어 또는 배치 포인트 보기 툴 을 사용하여 의상창에서 동기화된 패턴을 아바타 모델에게 배치하고 시뮬레이션 툴 을 클릭하여 재킷을 입힌다.

 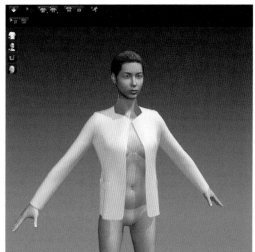

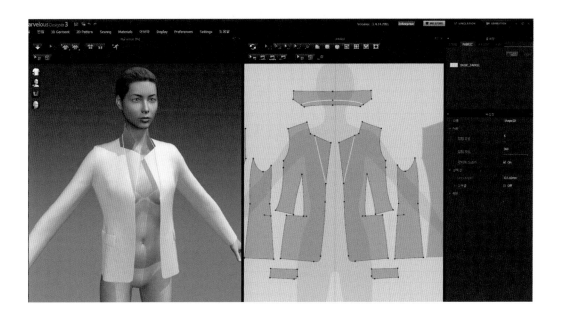

11 재킷의 라펠과 칼라를 뒤집기 위해 접힌 선을 내부선으로 그린 후 내부선의 물성을 조절한다. 이때 내부선을 선택하여 오른쪽 속성창에서 접힘 각도를 조절하여 뒤집어 준다. 라펠은 360도, 칼라는 0도로 설정하고 다시 동기화 툴 █, 시뮬레이션 툴 █을 클릭하여 수정된 모습을 확인한다.

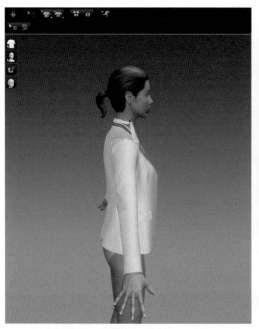

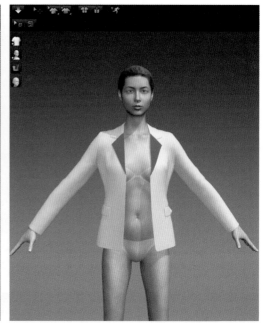

12 라펠 및 칼라가 잘 뒤집어져 안착되도록 시뮬레이션이 진행되는 동안 마우스로 조금씩 움직여 재킷을 완성해 준다.

13 수정 시 꼭 동기화 툴과 시뮬레이션 툴을 끈 후 수정한다. 그 후 다시 동기화 툴, 시뮬레이션 툴을 클릭하여 의상 수정 후 모습을 확인한다.

14 [파일]의 [저장하기] 탭 중 [의상] 또는 [프로젝트]로 저장해 준다(단축키 : Ctrl + S).

응용 과제

앞서 배운 것을 응용하여 다른 디자인의 재킷을 만들어 보자(단추는 WEEK 11에서 다루도록 한다).

WEEK 8
디테일 표현하기 : 프릴, 고무줄

학습목표
마블러스 디자이너의 다양한 툴 및 기능을 이용하여 의상의
디테일 중 프릴, 고무줄의 표현 방법을 익힌다.

프릴, 고무줄 표현

프릴을 단 원피스 만들기

1 [파일]에서 앞서 제작한 '다트가 없는 원피스'를 불러온다.

2 원피스 밑단에 프릴을 제작하기 위해서는 원피스 밑단의 길이를 확인해야 한다. 이를 위해 패턴창에서 패턴이 없는 빈 공간에 오른쪽 마우스를 클릭하면 편집 관련 매뉴얼이 뜨는데 [선분 길이 보기] 탭을 클릭하여 길이를 확인한다.

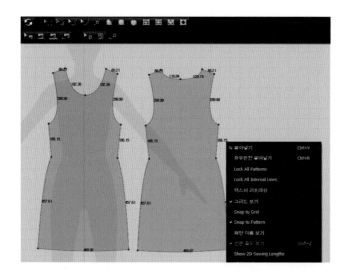

3 앞판, 뒤판 밑단 부분의 길이를 합한 치수로 프릴 패턴을 만들어 준다. 이때 사각형 생성 툴 █을 이용하여 원피스 밑단의 치수보다 2배 이상의 너비로 프릴 패턴의 치수를 설정하고, 높이는 원하는 길이로 설정하여 패턴을 만들어 준다.

4 원피스 앞판과 뒤판의 프릴이 달릴 지점을 구분하기 위해 점 추가 툴 █을 이용하여 프릴의 단 중간에 점을 추가해 준다.

5 선분 재봉 툴 █을 이용해 원피스 밑단과 프릴의 단을 재봉해 준다. 이때 자유 선분 재봉 툴 █을 이용해도 무방하다.

6 재봉 설정이 끝나면 동기화 툴 을 이용하여 의상창으로 패턴을 불러온다.

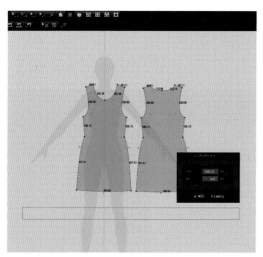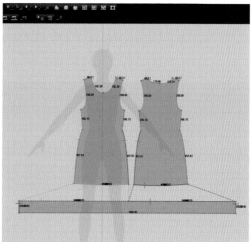

7 패턴을 아바타 가까이 배치하고 시뮬레이션 툴 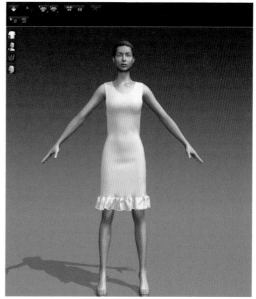을 클릭하여 프릴을 단 원피스를 완성한다.

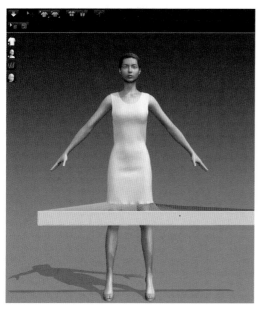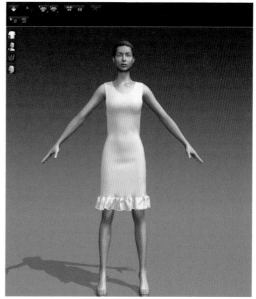

고무줄 넣기

1 [파일]에서 앞서 제작한 플레어스커트를 불러온다.

2 스커트 패턴의 밑단 선을 전체적으로 선택하면 오른쪽 속성창에 선택한 선의 길이가 나오는
데, 그 밑의 [고무줄] 탭을 'On'으로 체크해 준다.

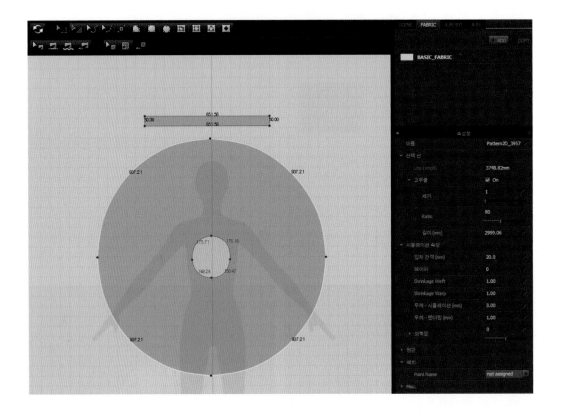

3 세기 또는 Ratio를 조절하여 원하는 주름의 모양을 만들어 준다. 이때 세기의 값이 클수록 탄력이 강한 주름이 된다. Ratio의 값이 작으면 고무줄 길이가 줄어들고, 값이 커지면 고무줄 길이가 늘어난다. 조금 탄력적인 볼륨감을 원한다면 세기를 올리고 Ratio의 값을 작게 해 준다.

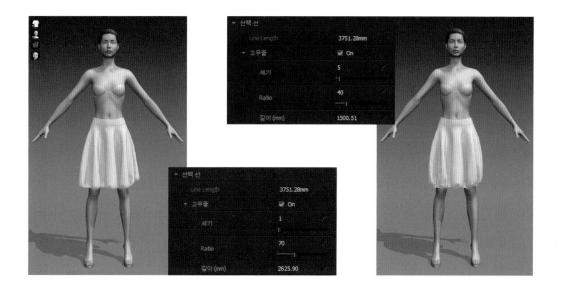

응용 과제

앞서 배운 것을 응용하여 캉캉 스타일의 주름 스커트를 만들어 보자.

WEEK 9
디테일 표현하기 : 플리츠

학습목표

마블러스 디자이너의 다양한 툴 및 기능을 이용하여 의상의 디테일
표현 중 플리츠 제작 방법을 익힌다.

플리츠 만들기

1 [파일]에서 앞서 제작한 '다트가 없는 원피스'를 불러온다.

2 원피스 밑단 선을 선택하고 위로 원하는 길이만큼 올려 준다(이동 시 Shift 를 누르면 수직으로 이동).

3 원피스 밑단에 프릴을 제작하기 위해서는 원피스 밑단의 길이를 확인해야 한다. 이를 위해 패턴창에서 패턴이 없는 빈 공간에 오른쪽 마우스를 클릭하여 편집 관련 매뉴얼이 뜨면 [선분 길이 보기] 탭을 클릭하여 길이를 확인한다.

4 원피스 밑단보다 너비가 3배 넓은 직사각형 패턴을 만들어 준다(사각형 생성 툴■ 사용).

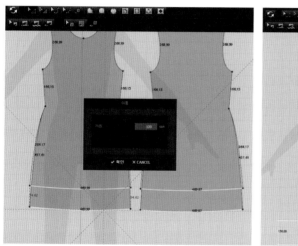 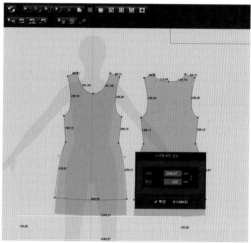

5 점 추가 툴■을 이용하여 원피스 밑단 선을 균일하게 4등분한다. 앞의 방식과 동일하게 점을 추가하고자 하는 선에 마우스를 놓고 오른쪽 마우스 버튼을 클릭하여 [선분 쪼개기] 창이 뜨면 [균일하게 나누기]를 선택한다.

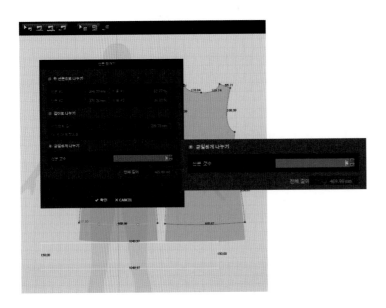

6 주름 분량의 패턴을 점 추가 툴 을 이용하여 12등분한다.

7 선분 재봉 툴 을 이용하여 원피스 밑단과 주름 패턴을 재봉하는데, 플리츠 주름을 만들기 위해서는 원피스 밑단의 한 부분(겉주름)과 주름 패턴(속주름)의 세 부분을 중복으로 재봉한다. 처음에는 너치 방향이 수평이 되게 하고(겉주름), 다음에는 X자로 꼬이게 재봉하고(속주름), 마지막에는 다시 수평으로 재봉한다(속주름).

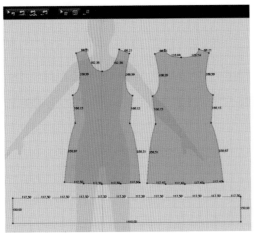

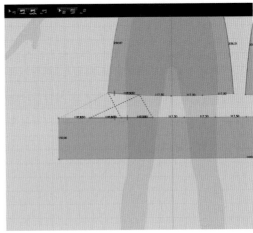

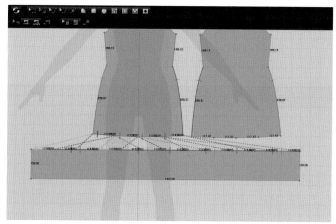

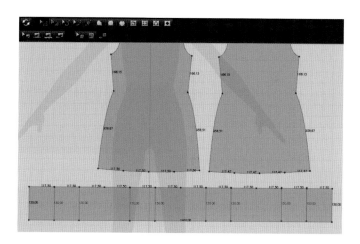

8 원피스 밑단선의 나머지 부분도 위와 동일하게 재봉해 준다.

9 동기화하여 시뮬레이션창에 불러오고, 1차적으로 시뮬레이션 툴을 클릭하여 모양을 확인
   한다.

10 주름에 다리미질을 한 효과를 주기 위하여 내부 다각형 생성 툴을 이용하여 주름 패턴에
   내부 선을 그려 접히는 부분의 접힘 각도를 조절한다. 내부선은 세 부분 중에서 주름이 접히
   는 부분에 그려 준다.

11 주름이 안으로 들어가는 내부 선은 접힘 각도를 360도로 조절하고, 밖으로 나오는 내부 선
　은 접힘 각도를 0도로 조절해 준다.

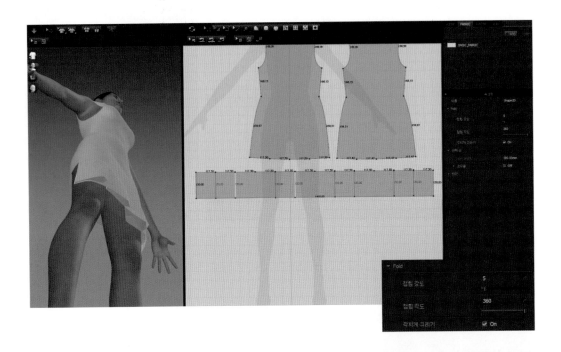

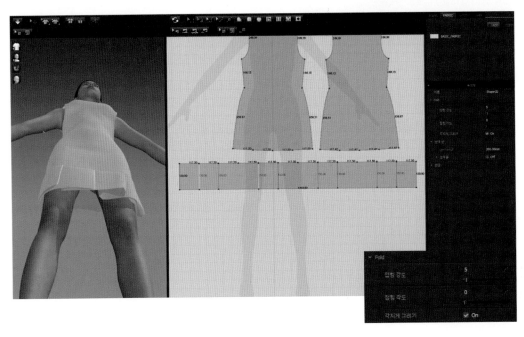

12 나머지 부분 및 뒤판도 동일한 방법을 사
용하여 플리츠원피스를 완성한다.

응용 과제

앞서 배운 것을 응용하여 플리츠스커트를 만들어 보자.

Week 10
디테일 표현하기 : 지퍼

학습목표
마블러스 디자이너의 다양한 툴 및 기능을 이용하여 의상의 디테일
표현 중 지퍼 여밈 방법을 익힌다.

지퍼 여미기

1 앞에 지퍼를 달 수 있는 의상 파일을 불러
온다.

2 앞판에 지퍼를 달기 위하여 지퍼 분량만
큼 앞중심선을 이동시켜 앞판을 수정해
준다.

3 지퍼의 길이를 알아보기 위해 패턴창의
[선분 길이 보기]를 클릭하여 앞중심선의
길이를 확인한다.

4 사각형 생성 툴■로 너비 10mm, 높이는
앞중심선 길이로 설정하여 직사각형 2개
를 만든다. 직사각형이 생성되면 [선분 길
이 보기]를 해제한다.

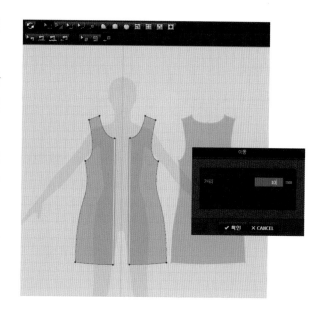

5 재봉선 선택 툴■을 이용하여 재봉되어 있는 앞중심선의 재봉선을 선택한 후 삭제하고, 다
시 선분 재봉 툴■을 이용하여 앞중심선과 직사각형을 연결해 준다.

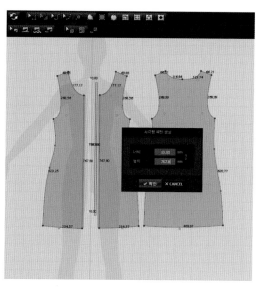

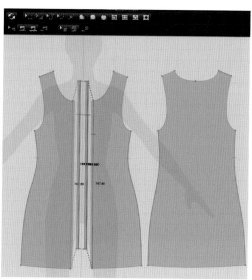

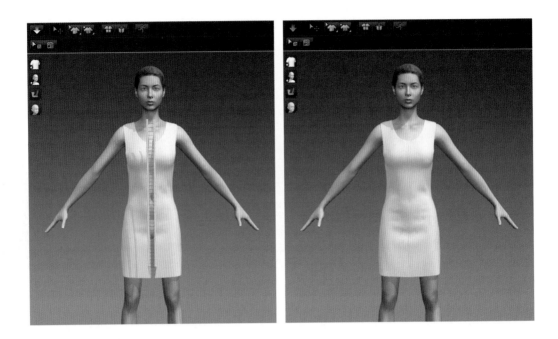

6 동기화 툴 ![icon]로 의상창에 수정한 패턴을 불러오고, 시뮬레이션 툴 ![icon]을 이용하여 수정된 모습을 확인한다.

7 지퍼 이미지를 좌우로 나누어 jpg 파일로 저장하고 텍스처를 삽입하여 디테일하게 표현해 준다.

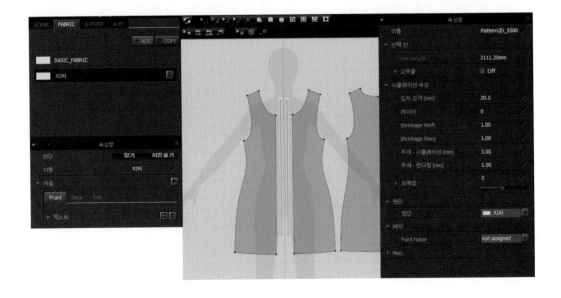

이때 지퍼 패턴과 원피스 패턴이 동일한 원단으로 설정되어 있어 전체에 지퍼 이미지가 들어갈 수 있으므로 지퍼 원단만 물체창에서 따로 설정해 준다. 즉 물체창에서 [+ADD]를 클릭하여 다른 원단을 하나 추가하고, 지퍼 패턴을 선택한 후 속성창에서 원단을 지퍼로 바꾼다.

8 지퍼 이미지를 지퍼 부분의 패턴에 삽입해 준다. 한쪽은 텍스처 편집 툴 ▶로 수정하여 지퍼의 좌우 이미지를 맞춘다.

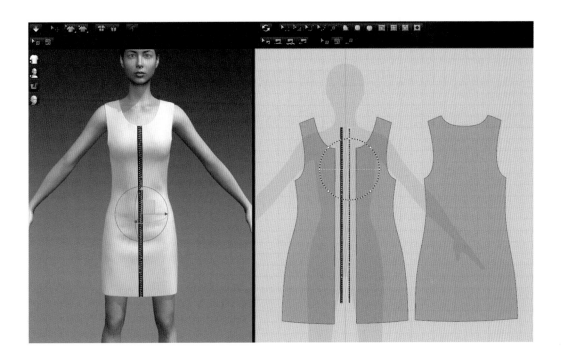

WEEK 11
디테일 표현하기 : 단추

학습목표
마블러스 디자이너의 다양한 툴 및 기능을 이용하여 의상의 디테일
표현 중 단추 여밈 방법을 익힌다.

단추 여미기

1 앞서 제작한 재킷 파일을 열어 준다.

2 단추를 만들기 위해서는 앞판 패턴 속의 단추가 달리는 부분에 원 생성 툴 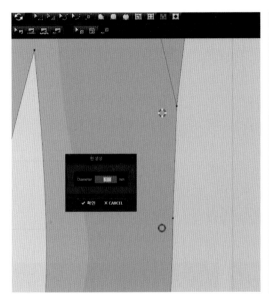을 이용해 반지름이 5mm인 원을 만들어야 한다. 패턴 위를 마우스 왼쪽 버튼으로 클릭하여 치수입력창을 띄워 원하는 반지름 길이를 입력하면 내부 원이 생성된다. 앞판의 좌우 패턴의 동일한 위치에 내부 원을 생성한다. 이때 내부 원을 하나 복사한 후, Shift 를 누르고 복사한 원을 이동시키면 정확하게 동일한 위치를 찾을 수 있다.

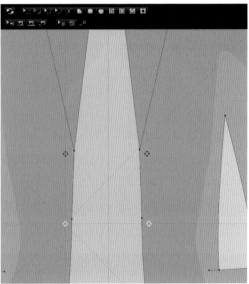

3 자유 선분 재봉 툴 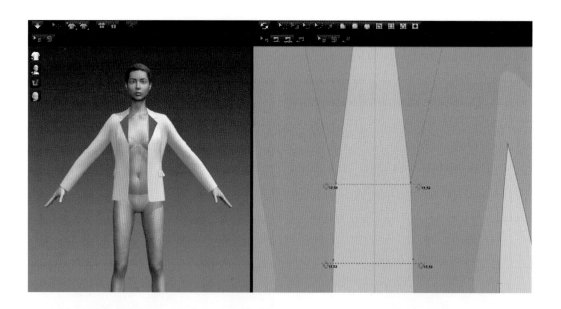 로 앞판의 왼쪽에 있는 내부 원과 오른쪽 몸판의 내부 원을 연결해 준다. 그리고 동기화 툴 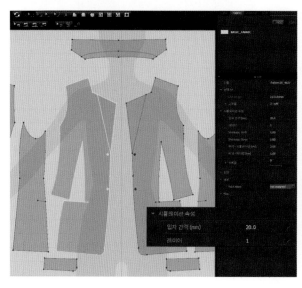, 시뮬레이션 툴  을 이용해 연결되는 부분을 확인한다.

4 여성 재킷의 여밈은 입고 있을 때 오른쪽 자락이 위로 올라와야 하므로, 패턴창에서 왼쪽에 있는 앞판을 선택하여 속성창에서 레이어를 1로 설정해 준다. 그리고 다시 동기화 툴, 시뮬레이션 툴 을 이용해 수정된 모습을 확인한다.

5 원 생성 툴![icon]로 단추가 되는 원을 그려 준다. 이때 마우스 왼쪽 버튼을 클릭하여 입력창을 띄우고 원하는 지름을 입력하여 원(크기 : 20mm)을 생성한다. 단추를 앞판에 부착하기 위해 내부 원을 단추 패턴(20mm) 속에 하나 더 그려 준다.

6 자유 선분 재봉 툴![icon]을 이용해 단추 속에 있는 내부 원과 몸판 왼쪽에 있는 내부 원을 연결시켜 준다. 다시 동기화 툴![icon], 시뮬레이션 툴![icon]을 이용하여 수정된 모습을 확인한다.

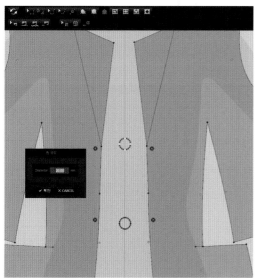
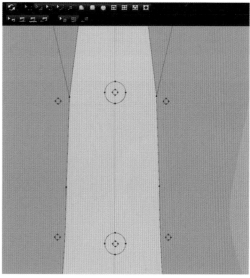

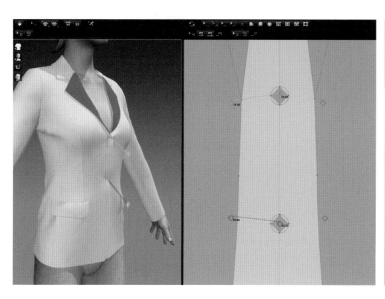

7 시뮬레이션을 할 때 단추가 겉으로 안 나오는 경우가 있는데, 이때 단추를 선택하여 속성창의 레이어를 1로 변경하고 다시 시뮬레이션 하면 단추가 밖으로 표시된다. 수정 후 다시 레이어를 0으로 변경하여 준다.

8 단추 모양이 동그란 모양이 아니라 네모로 보이는 것은 패턴을 구성하는 삼각형 단위의 폴리곤 입자가 20mm로 단추의 지름에 비해 크기 때문이다. 입자 간격을 작게 하면 할수록 패턴을 구성하는 삼각형 입자의 수가 많아지면서 단추의 모양이 동그랗게 된다.

단추 패턴을 선택하고 오른쪽 속성창의 패턴에서 입자 간격을 5mm로 바꾸고 다시 동기화 툴 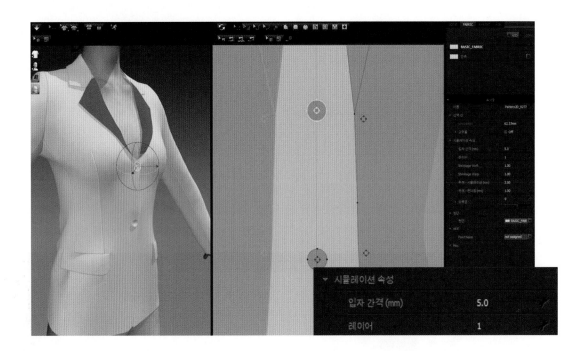, 시뮬레이션 툴 로 변경된 모습을 확인한다.

9 단추의 두께 및 딱딱함을 표현하기 위하여 물체창에서 [Fabric]을 하나 더 생성하고, 속성창에서 [Preset]을 [S_Button_Zipper_pad_CLO_V2]로 설정해 준다.

10 단추 패턴 선택 후 속성창에서 방금 추가한 원단으로 변경해 주고, [두께-렌더링]을 3으로 변경한다. 다시 동기화 툴![icon], 시뮬레이션 툴![icon]로 변경된 모습을 확인한다.

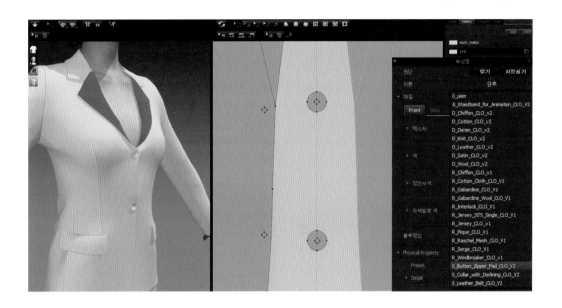

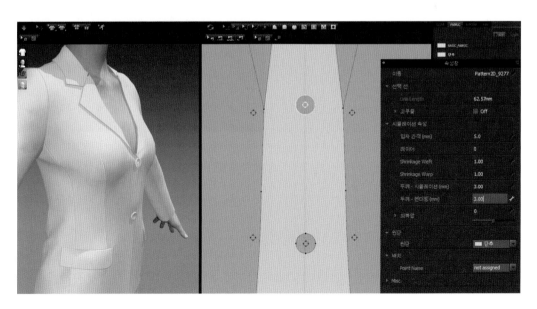

 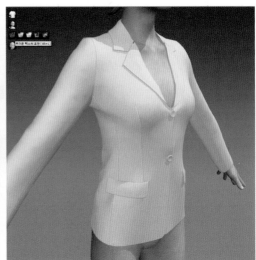

Tip

시뮬레이션창에서 원단의 두께를 보고 싶을 때는
세로로 나열된 아이콘 중 텍스처 표면 보기 툴 을 클릭한 후, 두꺼운 텍스처 표면 보기 툴 을
클릭한다.

11 원단 및 단추의 디테일을 자세하게 표현
하고 싶다면 텍스처 삽입을 이용한다.

앞서 배운 것을 응용하여 더블 버튼 코트를 만들어 보자.

WEEK 12
디테일 표현하기 : 액세서리 가방

학습목표
마블러스 디자이너의 다양한 툴 및 기능을 이용하여 액세서리 가방
제작 방법을 익힌다.

액세서리 가방 만들기

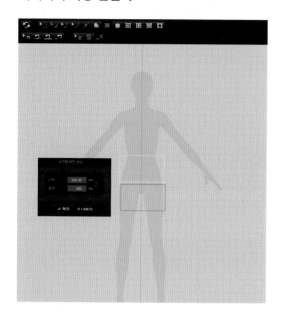

1 사각형 생성 툴■을 클릭하고 패턴창의 여백을 마우스 왼쪽 버튼으로 클릭하면 치수창이 뜬다. 여기에서 너비 350mm, 높이 200mm의 사각형을 만들고 패턴 편집 툴 1◤을 클릭하여 Ctrl+C, Ctrl+V로 복사해 사각형 2개를 만든다.

　패턴창의 마우스 오른쪽 버튼을 클릭하여 [선분 길이 보기]를 클릭해 준다.

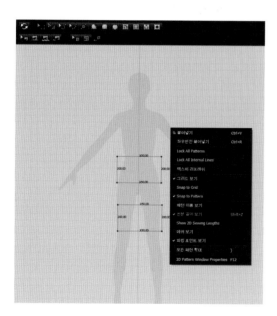

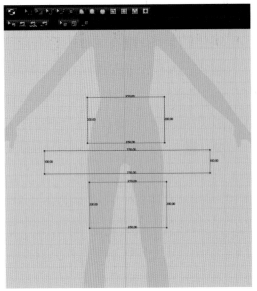

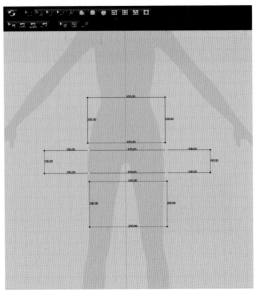

2 가방의 옆면이 되는 패턴을 생성하기 위해 사각형 생성 툴 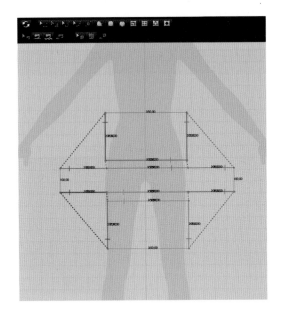로 사각형 세 변의 길이를 더한 너비 750mm, 높이 100mm 의 사각형을 생성하고 점 추가 툴을 이용하여 세 변의 길이에 맞는 점을 추가해 준다.

3 가방의 본체가 되는 사각형의 테두리와 가방의 옆면이 되는 직사각형의 선분을 선분 재봉 툴로 연결해 준다. 재봉할 때는 너치의 방향에 주의해야 한다.

4 동기화 버튼을 클릭하고 배치 스피어를 이용하여 패턴을 배치해 준다. 배치할 때는 패턴의 앞뒷면을 확인하면서 해야 하는데, 의상창에서 보면 패턴의 앞면은 흰색으로 나타나고 뒷면은 진한 회색으로 나타난다.

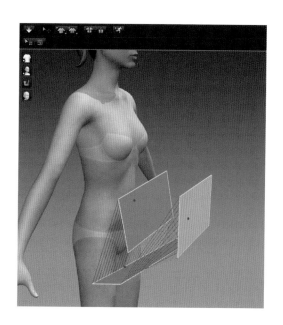

5 시뮬레이션할 때는 끈이 없어 패턴이 떨어지므로, 패턴에 핀을 고정시켜 떨어지지 않게 한다. 핀 고정은 키보드의 Ⓦ를 누른 상태에서 몸통에 가까운 패턴의 모서리를 클릭하면 된다. 또는 시뮬레이션창의 가로 툴 중 핀 고정 툴 ☗을 클릭하여 원하는 부분을 드래그하여 핀으로 고정한 다음, 시뮬레이션 툴 ⬇을 클릭하여 가방의 몸통을 완성한다.

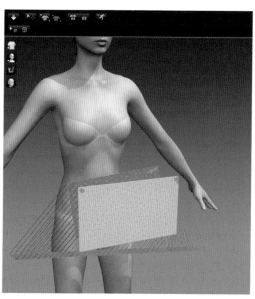

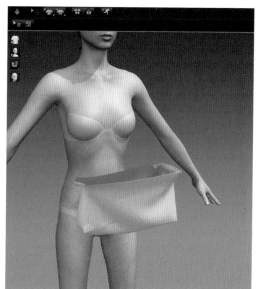

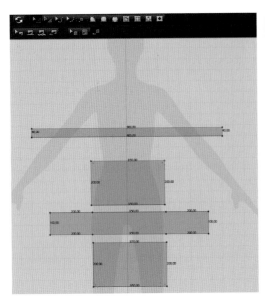 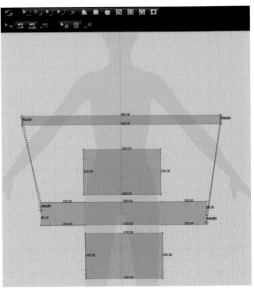

6 가방의 끈을 만들기 위해서는 사각형 생성 툴 ■로 너비 900mm, 높이 40mm의 사각형을 생성한다. 가방 옆면이 되는 사각형에 가방끈을 달 수 있도록 점 추가 툴 ■로 가방끈 높이에 40mm 간격으로 점을 추가한 후 선분 재봉 툴 ■로 연결해 준다.

7 동기화 툴 ■로 가방끈을 시뮬레이션창에 반영하여 배치 스피어가 아바타의 목 바로 옆에 오도록 한다. 시뮬레이션 툴 ■을 이용하여 수정된 모습을 확인한다.

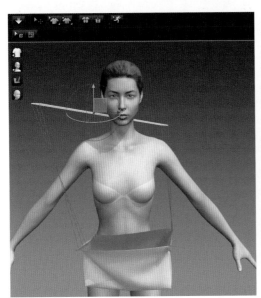 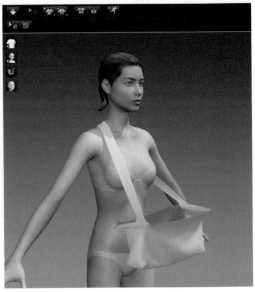

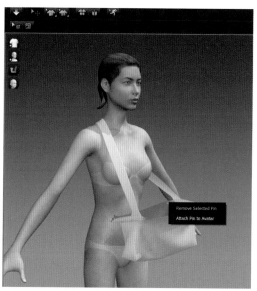 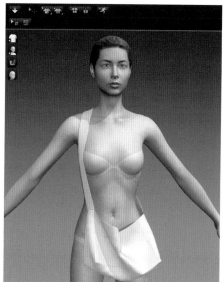

8 핀 고정으로 만든 부자연스러운 모습이 자연스러워지도록 핀을 삭제한다. 시뮬레이션창에서
핀을 선택한 후 마우스 오른쪽 버튼을 클릭하면 [핀 삭제] 또는 [Remove Selectde Pin]이란
창이 뜨는데, 그것을 클릭하면 핀이 삭제된다.

Tip
가방의 디자인은 자유롭게 변경할 수 있다.

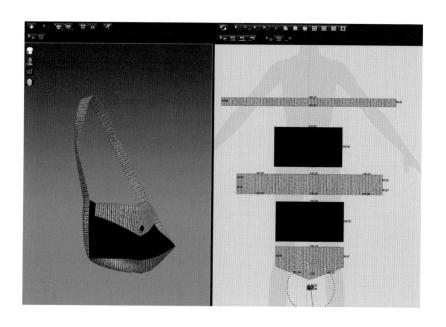

WEEK 13
디테일 표현하기 : 액세서리 모자

학습목표
마블러스 디자이너의 다양한 툴 및 기능을 이용하여 액세서리 모자
제작 방법을 익힌다.

액세서리 모자 만들기

1 원 생성 툴 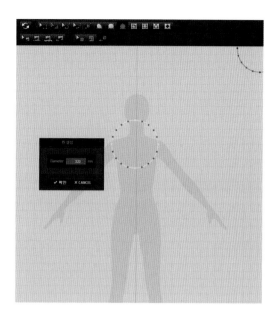를 이용하여 모자의 챙이
되는 부분을 만들어 준다. 이때 원의 지
름은 320mm로 한다.

2 모자챙의 가운데 부분을 뚫기 위해 다트
생성 툴 ▣을 이용한다. 이때 다트 크기(너
비 왼쪽 90mm, 너비 오른쪽 90mm, 높이
위 90mm, 높이 아래 90mm)는 패턴창에
있는 아바타의 그림자 머리 부분보다 조금
크게 만들어 준다.

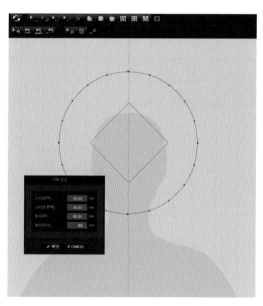

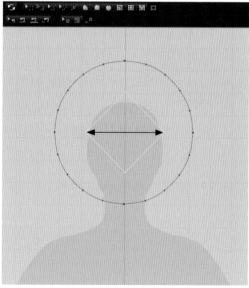

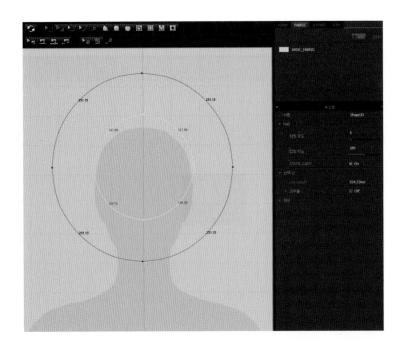

3 곡선 툴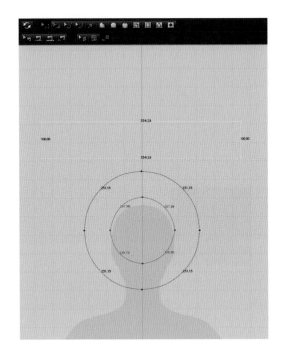을 이용해 정사각형의 다트 선을 원으로 만들어 준다(일반적인 머리 둘레 : 540~560mm).

4 모자 기둥의 패턴을 제작하기 위하여 [선분 길이 보기]로 원으로 만든 다트 길이를 확인 후 사각형 생성 툴■을 이용하여 길이에 맞는 직사각형 패턴을 제작한다(높이 100mm, 너비 554.23mm).

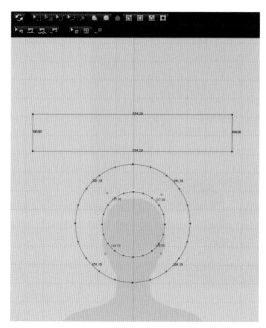

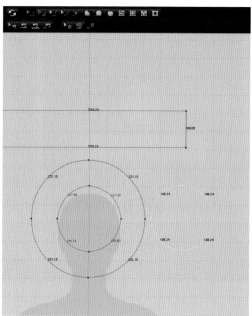

5 모자의 뚜껑 부분이 되는 원은 다트로 만
든 원만큼 그려 준다.

Tip

원 생성 툴 🔵을 클릭해 다트 근처에 원을 만들어 다
트와 비교하면서 최대한 똑같이 만들어 준다.

6 자유 선분 재봉 툴 🔲로 모자챙 안쪽에 있
는 원과 모자의 옆면, 모자 옆면과 모자
뚜껑 부분에 있는 원을 연결해 준다.

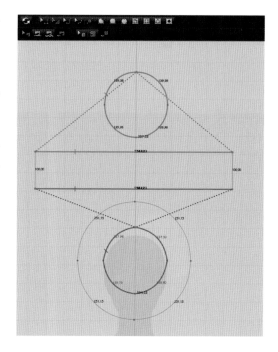

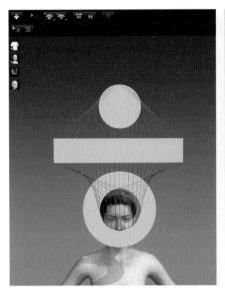 

7 동기화하여 배치 스피어를 이용해 모자가 머리 위에 제대로 얹어지도록 배치해 준다. 너무 멀리 배치하면 모자가 머리에 걸리지 않고 떨어질 수 있으므로 주의해야 한다.

8 시뮬레이션 툴 🔽로 모자의 모습을 확인한다. 이때 모자의 원단 속성을 [S_Leather_Belt_CLO_V2]로 설정하면 다른 스타일의 모자를 연출할 수 있다.

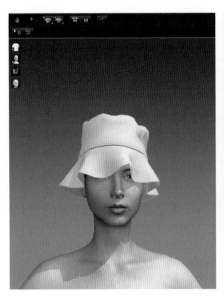 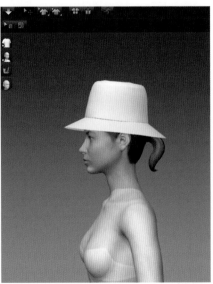

WEEK 14
마블러스 툴의 다양한 기능 알아보기

학습목표
아바타의 3D 의상 착용 상태 및 코디네이션 방법을 익힌다.

마블러스 툴의 다양한 기능

의상의 의복압, 매시 확인하기

1 아바타와 의상의 밀착 정도를 알아보기 위해서는 시뮬레이션창에서 텍스처 표면 보기 툴을 클릭하면 4가지 툴이 더 보이는데, 그중 변형률 분포 툴을 클릭하면 의상이 아바타에게 잘 맞는지, 너무 타이트한지 확인할 수 있다.

2 컬러는 연두부터 노랑, 주황, 빨강으로 변화하는데 빨강에 가까울수록 아바타에게 타이트하고 연두에 가까울수록 여유가 많다는 것을 의미한다.

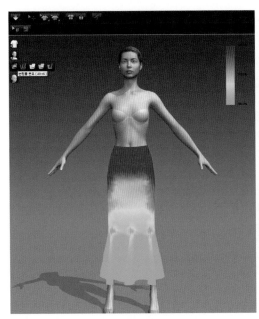

고어드스커트일 경우

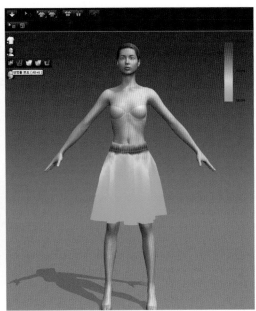

플레어스커트일 경우

3 동일한 방법으로 의상의 메시를 확인할 수 있다. 메시 툴은 원단의 입자 간격을 보여 주는 툴로 입자 간격이 좁을수록 자연스럽게 보인다. 그러나 입자 간격이 좁아지면 시뮬레이션 속도가 느려지므로 이 작업은 맨 마지막에 하는 것이 좋다.

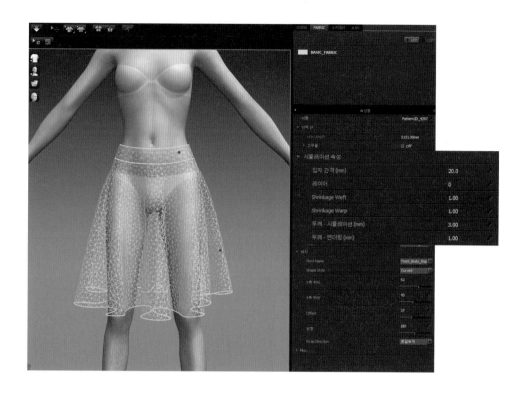

의상 레이어드하기

1 원하는 하의를 불러오고 상의를 추가하여
   코디네이션을 하기 위해서 [파일] – [추가]
   에서 의상(단축키 : Ctrl + Shift + O)을 클
   릭한다.

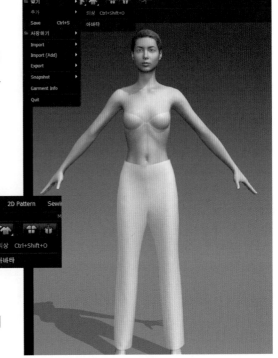

2 코디네이션할 수 있는 재킷 상의를 불러
   온다.

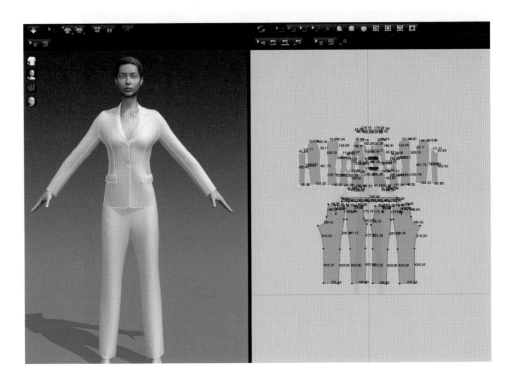

3 시뮬레이션 툴을 클릭하여 레이어드된 상태를 확인한다. 만약 상의가 하의 밑으로 들어가거나, 하의를 상의 위로 올려야 하는 경우에는 위로 올라오는 패턴의 전체를 선택하고, 속성창에서 레이어를 1로 올려 주고, 다시 시뮬레이션하여 수정된 모습을 확인한다. 시뮬레이션이 원하는 대로 되면 레이어를 다시 0으로 바꾸어 준다.

4 하의, 상의 외에 액세서리를 추가할 경우에는 동일한 방법으로 시뮬레이션창에 불러들여 코디해 준다.

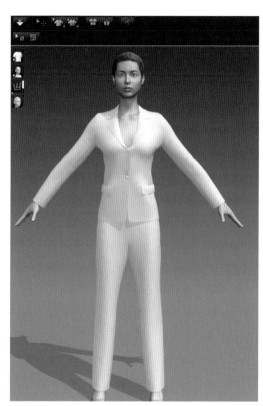 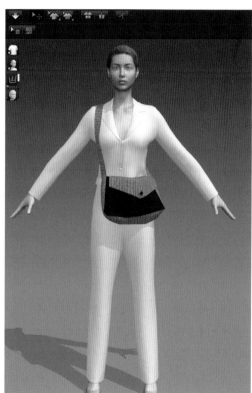

WEEK 15
3D 시뮬레이션 표현하기

학습목표
3D 디지털 패션 완성을 위한 아바타 포즈 변경 및
배경 삽입 방법을 익힌다.

3D 시뮬레이션의 표현

포즈 변경하기

1 [파일]에서 [열기] – [포즈]를 클릭하면 소
프트웨어에서 제공하는 5가지 포즈가 나
온다. 하나씩 열어서 포즈를 확인한다.

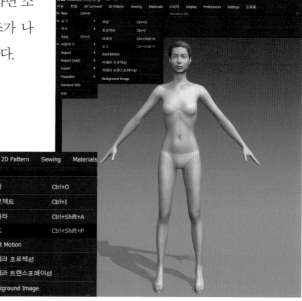

포즈 1

포즈 2

포즈 3

포즈 4

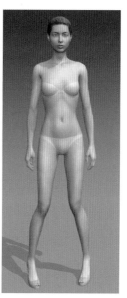

포즈 5

2 제공하는 포즈 외에 다른 포즈를 취하고
싶을 때는 직접 아바타의 관절을 조절하
여 변경한다. 시뮬레이션창에서 아바타 보
기 툴█을 클릭하면 3가지 툴이 더 보이
는데, 그중 X-Ray 관절 보기 툴█을 클릭
하면 관절이 연두색 점으로 표시된다.

3 관절의 연두색 점을 클릭하면 배치 스피
어가 나오는데 이를 조절하여 원하는 포
즈로 바꾸어 준다.

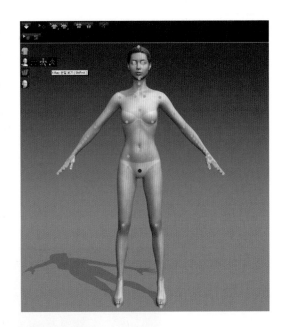

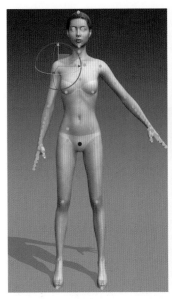  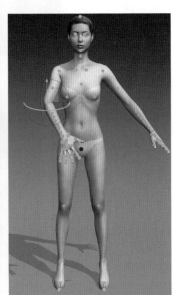

4 포즈가 완성되면 [파일] – [저장하기]에서
[포즈]를 클릭하여 아바타의 포즈를 저장
한다.

5 새 창을 열어서 의상을 불러온 후 다시
[파일]에서 [열기] – [포즈]를 클릭하여 새
롭게 저장한 포즈를 불러오면 의상이 포
즈에 맞게 입혀진다.

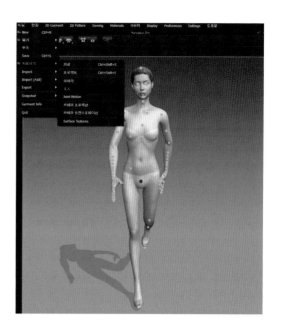

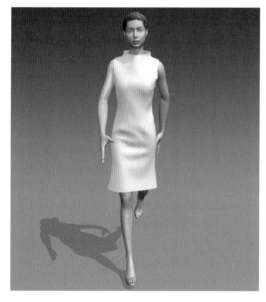

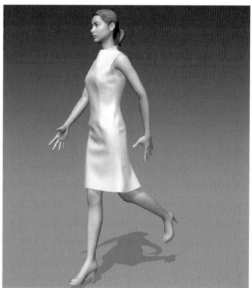

배경 삽입하기

1 의상이 완성되면 이미지를 png 파일로 저
   장할 수 있다. 이때 뒤의 배경을 의상 콘
   셉트에 맞게 바꾸어 저장할 수 있다.
   시뮬레이션창에서 빈 공간에 마우스 오
   른쪽 버튼을 클릭한 후 [Background
   Image]를 클릭하면 원하는 배경 이미지
   를 불러올 수 있다.

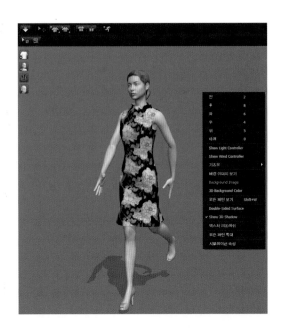

2 완성된 이미지를 png 파일로 저장한다. 상단 메뉴의 [파일]에서 [Snapshot] – [3D Window F10]을 클릭하면 이미지 파일로 저장된다.

디지털 패션디자인 기획 및 제작하기

학습목표
3D 디지털 패션디자인의 기획부터 제작까지의 과정을 활용하여
다양한 창작 의상을 제작한다.

디지털 패션디자인의 기획 및 제작 예시

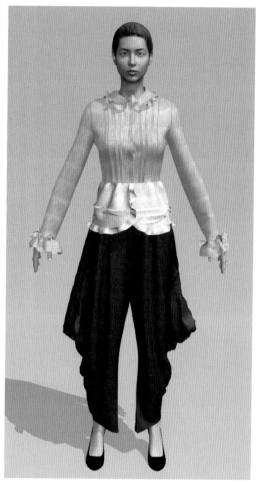

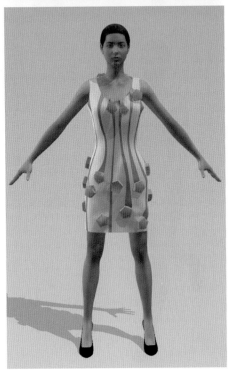

1950'S RETRO DOLL

Sejong University Na Yoon Hee

Concept Image

Fabric Image

Picture Gallery

Digital Fashion Design

PHASE 4

POSER : CYBER FASHION MAKING FOR DIGITAL FASHION DESIGN

포저 : 디지털 패션디자인을 위한 가상의상 제작

WEEK 1
가상의상과 가상의상 시장

학습목표
- 가상의상 비즈니스가 무엇인지 알아본다.
- 상용화 3D 캐릭터와 가상의상 마켓 플레이스에 대해 알아보고
  패션 비즈니스와 어떻게 연관되어 있는지 살펴본다.

가상의상과 가상의상 시장

가상의상 비즈니스란 현실 세계의 패션 비즈니스와 같이 3D 오브젝트로 된 가상의상 콘텐츠를 제작하여 판매하는 비즈니스이다. 다시 말해, 3D 콘텐츠에서 사용되는 3D 캐릭터의 의상을 디지털 클로딩 기술이나 3D 전문 그래픽 소프트웨어로 제작하고 사용 플랫폼에 맞추어 세팅하여 온라인 마켓 플레이스(Market Place)에서 판매하는 디지털 패션 콘텐츠 비즈니스를 뜻한다. 본 교재에서는 포저(Poser)용 3D 캐릭터의 가상의상 비즈니스를 집중적으로 알아본다.

포저용 3D 상용화 캐릭터

포저 프로그램에서 사용할 수 있는 3D 캐릭터들은 온라인 콘텐츠 마켓 플레이스에서 구매가 가능한 상용화 캐릭터이다. 상용화 캐릭터란 소비자가 구매할 수 있도록 파일 형태로 상품화된 3D 캐릭터를 말한다. 포저 프로그램에서는 외부에서 구입한 상용화 캐릭터를 라이브러리에 저장한 후 포저의 작업창에 불러와 원하는 캐릭터로 변형하여 사용한다. 포저용 상용화 캐릭터는 크게 여성과 남성으로 나누어진다. 여성 모델의 대표 캐릭터는 빅토리아 4(Victoria 4)이다. 빅토리아 4는 남성 모델의 대표 캐릭터인 마이클 4(Michael 4)와 함께 다즈(Daz)3D에서 개발한 캐릭터이다. 포저에 입문하는 대부분의 사용자들은 빅토리아 4를 먼저 접하게 된다. 다년간 누적된 의상 및 헤어 등 캐릭터를 꾸밀 수 있는 아이템이 가장 많기 때문이다. 현재 빅토리아 6과 같은 6세대 캐릭터가 출시되어 있지만, 여전히 빅토리아 4의 인기가 끊이지 않고 있다.

포저 상용화 3D 캐릭터의 주 사용 목적은 캐릭터 커스터마이징(Character Customizing)을 이용한 CG 이미지 제작이다. 캐릭터 커스터마이징이란 사용자의 기호에 맞게 캐릭터의 의복 및 스타일을 변형하는 것으로, 3D 캐릭터나 아바타가 사용되는 온라인 게임, 가상 커뮤니티 등에서 이루어지는 일종의 사이버 인형 놀이이다. 캐릭터 커스터마이징은 제공되는 무료 아이템의 스타일링 및 사용자 기호에 맞는 아이템 구매에서 확장되어, 사용자가 직접 원하는 아이템을 컴퓨터 그래픽 기술을 활용해서 직접 제작 및 판매하는 데 이른다. 가상의상 비즈니스는 스케치부터 샘플 메이킹까지 한 번에 처리하여 디자이너이자 테크니컬 아티스트인 기획자가 원하는 가상의상 아이템을 제작·판매하는 디지털 콘텐츠 사업으로서 패션시장에서 새로운 부가가치를 창출할 것이다. 또한 온라인 시장의 확장 및 IT 기술의 진보 덕에 그 수요가 증가할 것으로 예상된다.

포저 상용화 3D 캐릭터의 대표적인 예로는 빅토리아(Victoria), 아이코(Aiko), 마이클(Micheal), 프릭(Freak) 등이 있다. 현재는 6.0 버전까지 출시되었으나 4.0 버전이 꾸준히 인기를

포저의 대표적인 여성 기본 캐릭터 : 빅토리아(Victoria), 아이코(Aiko)

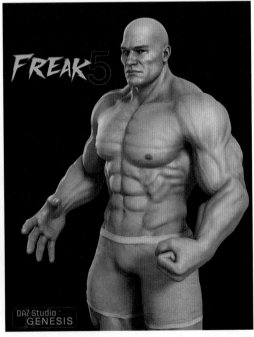

포저의 대표적인 남성 기본 캐릭터 : 마이클(Michael), 프릭(Freak)

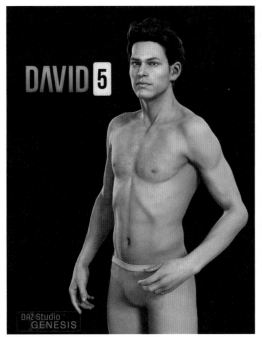

다양한 상용화 캐릭터 : 데이비드(David), 스테파니(Stephanie)

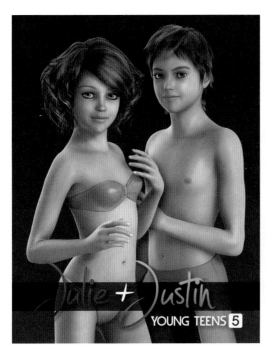

다양한 상용화 캐릭터 : 틴스(Teens), 걸(Girl)

얻고 있다.

이외에도 틴스(Teens), 더 걸(The Girl), 히로(Hiro), 히토미(Hitomi), 데이비드(David), 스테 파니(Stephanie), 밀레니엄 베이비(Millenium Baby), 밀레니엄 보이 앤 걸(Millenium Boy and Girl) 등 다양한 상용화 캐릭터가 존재한다. 또한, 하나의 캐릭터로 12가지 캐릭터를 표현할 수 있는 제네시스(Genesis)가 출시되어 사용자가 증가하고 있다.

가상의상 시장

포저용 상용화 캐릭터의 가상의상은 상용화 3D 콘텐츠의 대표적인 예로 온라인상에 3D 가상의 상 콘텐츠의 여러 마켓 플레이스를 형성하고 있다. 다양한 3D 가상아이템들의 판매가 이루어 지고 있는 포저용 3D 캐릭터의 가상의상 마켓 플레이스의 대표적인 예는 다즈3D(www.daz3d. com), 렌더로시티(www.renderosity.com), 콘텐츠파라다이스(www.contentsparadise.com),

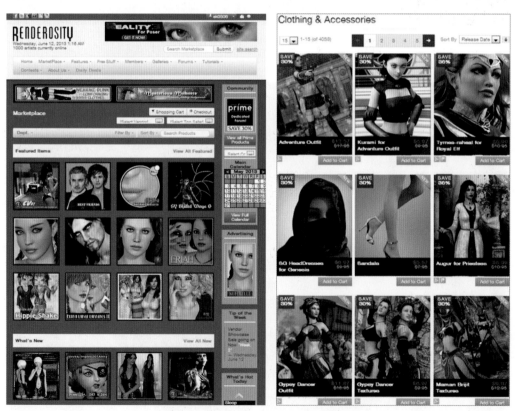

렌더로시티와 다즈3D의 온라인 콘텐츠 마켓 플레이스

런타임DNA(www.runtimedna.com), 성인물 등급의 가상아이템을 판매할 수 있는 렌더로티카(www.renderotica.com) 등이 있다. 이 중 포저용 상용화 3D 캐릭터의 가상의상 시장 중 가장 큰 규모의 온라인 마켓 플레이스는 렌더로시티와 다즈3D의 가상의상 마켓 플레이스이다.

앞에서 언급한 포저 캐릭터들은 이미 뼈대 관절 정보의 세팅이 완성되어 디지털 콘텐츠 형태로 판매되므로 위의 온라인 콘텐츠 마켓 플레이스에서 파일 형태로 구입할 수 있다. 기본 캐릭터는 다즈3D의 온라인 마켓 플레이스에서 무료로 배포하거나 여러 파생 상품과 함께 구매 가능하다. 앞에서 말한 가상의상 판매 마켓 플레이스의 렌더로시티는 가장 큰 온라인 마켓 플레이스 중 하나로, 포저와 다즈3D용 가상의상 아이템 및 다른 소프트웨어나 플랫폼에서 사용 가능한 크로스–플랫폼(Cross-platform) 가상아이템을 판매하고 있다. 렌더로시티의 주 목적은 디지털 아티스트 아이템의 중개, 판매, 무료 아이템 제공 및 유료 아이템의 판매로 본 교재를 통해 제작되는 가상의상 아이템을 판매할 수 있는 콘텐츠 마켓 플레이스로 가장 적합하다. 또한, 다즈3D의 마켓 플레이스보다 판매 등록 절차가 간단하고 개인 벤더의 접근이 용이하다. 마켓 플레이스와 함께 작가 포트폴리오, 아트 갤러리, 블로그가 함께 제공되므로 상품에 대한 상업 활동뿐만 아니라 다양한 활동이 가능하다. 렌더로시티의 일일 기본 접속자 수는 1,500여 명에 달하며 평균 접속 시간은 30분 정도이다. 사용자의 연령은 평균 35~44세이다.

포저용 콘텐츠 마켓 플레이스에서 판매되는 가상아이템은 크게 의상(Dynamic Cloth, Conforming Cloth), 액세서리, 캐릭터와 캐릭터 몰프, 헤어, 포즈, 환경(인테리어 세트, 배경 아이템, 가구 등), 2D 소스 등이 있다. 이러한 가상아이템은 다양한 스타일의 카테고리로 구분되어 판매되고 있다. 여러 온라인 마켓 플레이스 중 가상의상 카테고리를 명확히 구분 짓고, 판매자의 편의성과 사용성에 맞추어 사이트를 효율적으로 관리하고 있는 대표적인 예가 다즈3D의 콘텐츠 마켓 플레이스이다. 따라서 다즈3D 콘텐츠 마켓 플레이스의 가상의상 카테고리에 기반을 두어 판매할 의상의 스타일을 나눌 수 있다. 현재 다즈3D에서 판매되고 있는 10개의 Clothing & Accessories의 카테고리와 각 카테고리에서 판매되고 있는 가상의상 아이템의 수는 대략 다음과 같다.

1. 유니폼 & 코스튬(Uniforms & Costumes) : 약 1,217개
2. 일상복(Everyday Clothing) : 약 459개
3. 클럽웨어, 드레스(Clubwear & Dresses) : 약 453개
4. 정장류(Formal Clothing) : 약 114개
5. 속옷 & 수영복(Intimates & Swimwear) : 약 125개
6. 신발류(Footwear) : 약 188개
7. 헤어 액세서리 & 보석, 장신구류(Headwear & Jewelry) : 약 88개
8. 시뮬레이션용 다이나믹 의상(Dynamic Clothing) : 약 150개
9. 텍스타일 소스 & 변형 몰프(Textures & Morph Fits) : 약 1,701개
10. 기타 액세서리(Other Accessories) : 약 72개

위의 카테고리 내에서 다양한 주제로 여러 가상의상 창작물들이 판매되고 있는데 창작의 주제는 크게 아래와 같이 8가지로 나눌 수 있다.

1. 현대적인(Contemporary)
2. 일상적인(Ordinary)
3. 판타지(Fantasy)
4. 고딕(Goth)
5. 시대적인(Historical)
6. 호러(Horror)
7. SF(Sci-Fi)
8. 스팀펑크(Steampunk)

가상의상의 활용

구매한 3D 아이템은 포저 프로그램을 설치하면서 자동 설치되는 포저 라이브러리 폴더에 저장하면 포저 프로그램으로 불러올 수 있다. 포저에서는 간단한 캐릭터 에디팅 기능을 통해 캐릭터의 관절을 회전하거나 꺾거나 이동시켜 원하는 포즈를 만들 수 있고, 원하는 모습의 캐릭터 변형 몰프(Morph) 소스를 구입하여 포저 라이브러리에 저장하고 간단한 마우스 클릭을 통해 기본 캐릭터의 외관을 원하는 형태로 변형시킬 수 있다. 그리고 그 위에 원하는 의상, 헤어, 액세서리 등의 구입한 3D 가상아이템을 불러와 캐릭터에 착장시키고, 어울리는 배경을 가지고 특정 신(Scene)을 구성하는 등 이미지 창작에 활용할 수 있다.

WEEK 2
가상의상 제작 프로세스 이해하기

학습목표
- 포저용 3D 캐릭터의 가상의상 제작 프로세스를 이해한다.
- 포저용 상용화 캐릭터의 가상의상 제작에 필요한 소프트웨어의
  특징을 이해한다.

가상의상 제작 프로세스의 이해 및 기획

포저용 상용화 캐릭터의 가상의상

포저용 상용화 캐릭터의 가상의상은 제작 방법에 따라 크게 다이나믹 의상(Dynamic Cloth)과 컨포밍 의상(Conforming Cloth)으로 구분된다.

다이나믹 의상은 마야나 맥스와 같은 3D 그래픽 전문 소프트웨어의 시뮬레이션 플러그인이나 클로3D(CLO3D)와 같은 3D 의상 캐드 소프트웨어를 이용하여 제작할 수 있다. 제작된 가상의상의 3D 오브젝트 파일(obj 포맷)을 포저 프로그램 내에 불러와 클로스 시뮬레이션 기능을 통해 3D 캐릭터에 착장한다.

컨포밍 의상은 3D 그래픽 전문 프로그램으로 모델링하고 그룹핑-조인트 에디터 리깅-몰프 삽입의 컨버팅 과정을 거쳐 포저 프로그램에서 사용 가능한 가상의상으로 만든다. 3D 의상 모델링에 캐릭터의 관절과 뼈대 정보를 삽입하는 과정을 거치므로, 포저에서는 3D 캐릭터의 포즈 파일로 인식되고 캐릭터의 동작을 따라 의상의 형태 역시 변형된다. 컨포밍 의상은 의상이라기보다는 의상처럼 보이게 만들어진 3D 모델링 오브젝트(object)라고 이해하면 된다. 게임이나 3D 애니메이션에 등장하는 3D 캐릭터의 의상 대부분이 이 범주에 속한다. 포저의 컨포밍 의상은 포저 라이브러리에 불러와 프로그램 내 [Conform To]라는 기능을 통해 캐릭터에 자동으로 착장시킬 수 있다.

포저용 3D 캐릭터의 가상의상 구분

구분	다이나믹 의상	컨포밍 의상
모델링 방식	▪ 3D 그래픽 전용 프로그램(Maya, 3dsMax, C4D, Blender 등) ▪ 마블러스 디자이너(Marvelous Designer)	3D 그래픽 전용 프로그램(Maya, 3dsMax, C4D, Blender 등)
데이터 포맷 형식	obj(3D 오브젝트 모델링 형식)	cr2(포저 포즈 파일 형식)
적용 디자인	▪ 주름, 실루엣이 자연스러워야 하는 디자인 ▪ 단순한 패턴의 의상 ▪ 실제 의상과 같은 직물 표현이 필요한 의상	모든 디자인
제작 방법	3D 가상의상 오브젝트 모델링 후 가상 착의 시뮬레이션	3D 가상의상 오브젝트 모델링 – 그룹핑 – 조인트 에디터 리깅 – 몰프 삽입
착장 방법	포저 클로스 시뮬레이션으로 착장	포저의 포즈 컨포밍 기능으로 착장

다이나믹 의상의 주름 및 실루엣 형태

포저용 다이나믹 의상의 예

포저용 컨포밍 의상의 예

다이나믹 의상은 직물의 물성 데이터를 바탕으로 한 시뮬레이션을 통해 구현되므로 의상의 실루엣과 주름 표현이 실제 의상과 같이 자연스럽다. 반면 의상의 디테일이 많거나 패턴이 여러 번 겹치는 디자인, 볼륨을 형성해야 하는 디자인의 경우에는 시뮬레이션 연산 시간이 오래 걸리거나 직물의 물성을 제대로 표현하지 못하므로 다이나믹 의상에 적합하지 않다.

컨포밍 의상은 3D 오브젝트 모델링 방식으로 제작되므로 모든 의상디자인을 구현할 수 있다. 하지만 의상 자체가 캐릭터의 포즈 파일로 인식되기 때문에 포즈에 따라 디테일이나 주름, 실루엣이 왜곡되거나 변형되는 등 부자연스럽게 착장되는 경우가 있다. 또한, 3D 그래픽 전문 소프트웨어를 이용하다보니 패션 전공자가 접근하기는 힘들다.

다이나믹 의상 제작 프로세스

1. 포저 라이브러리에서 캐릭터를 불러와서 기본 포즈 만들기
2. 캐릭터를 obj 파일로 내보내기
3. 마블러스 디자이너(또는 클로 3D)에 빅토리아 4 캐릭터 불러오기
4. 마블러스 디자이너(또는 클로 3D)에서 3D 가상의상 제작하기
5. 제작된 3D 가상의상의 obj 파일을 포저에 불러오기
6. 클로스 시뮬레이션을 위한 포즈 변형하기
7. 클로스 시뮬레이션을 통해 가상의상 착장시키기
8. 재질감 표현하기(텍스처 이미지 만들기)
9. 매터리얼 세트업을 통해 가상의상의 재질감 표현하기
10. 라이브러리 파일 구성하기
11. 리드미·라이선스·템플릿 파일 준비하기
12. 빅토리아 4 캐릭터 스타일링하기
13. 렌더링 테스트, 최종 렌더링 이미지 출력하기
14. 벤더 등록을 위한 프로모션 이미지 만들기
15. 벤더 등록하기

가상의상 제작 소프트웨어

마블러스 디자이너 _ 마블러스 디자이너(Marvelous Designer)는 한국의 (주)클로버추얼패션사가 개발한 디지털 클로딩 기술로 영화, 게임, 애니메이션 등에 사용되는 3D 캐릭터의 가상의상 제작 소프트웨어이다. 이 소프트웨어는 클로 3D에서 어패럴 패턴 캐드 호환 기능과 아바타사이징 기능을 제거한 3D 그래픽 유저용 버전이다. 3D 그래픽 전문 소프트웨어와 독립적으로 사용이 가능하고, 2D 패턴 캐드를 사용하지 않고 직접 소프트웨어상에서 의상을 구성하는 패턴을 디자인하여 실시간 입체 착의 시뮬레이션을 통해 원하는 3D 캐릭터에 의상을 입혀 볼 수 있다. 직관적으로 의상의 형태를 수정하여 빠른 속도로 원하는 형태의 자연스러운 실루엣을 가진 가상의상을 제작할 수 있기 때문에, 하이폴리곤 모델링에 의존하는 모델러들에게 큰 인기를 얻고 있다.

마블러스 디자이너는 인터페이스의 이해가 쉽고 가상의상의 드레이핑, 의복압 측정, 봉제 및 디테일 표현 등에 대한 조작 방법이 간단해서 패션 전공자라면 누구나 쉽게 이 소프트웨어를 이용하여 3D 가상의상을 제작할 수 있다. 이 프로그램은 손쉬운 2D 패턴 제작 기능을 제공하고, 패턴의 정교한 사이즈 변형이 가능하며, 외부의 3D 캐릭터를 불러들여 그 위에 실시간 착의 시

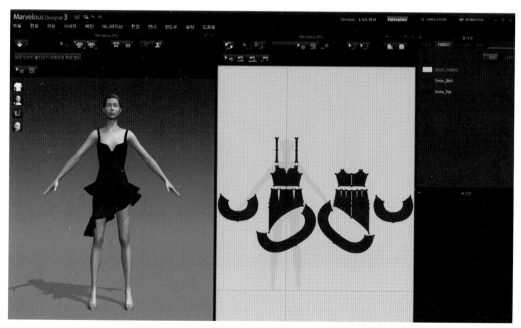

마블러스 디자이너

뮬레이션이 가능하여 3D 그래픽 콘텐츠 산업 외에도 패션 산업에 많은 영향을 미치고 있다.

포저 _ 포저(Poser)는 미국의 e-프론티어(e-frontier)사가 개발하여 현재는 스미스 마이크로 소프트웨(Smith Micro Software)사가 관리, 배포 중인 3D 상용화 소프트웨어이다. 이 프로그램은 외부에서 제작된 obj 파일 형식의 의상 모델링을 포저용 3D 캐릭터에 착장시킬 수 있도록 클로스 시뮬레이션 기능을 제공한다. 3D 맥스나 마야 같은 3D 그래픽 전문 소프트웨어와 달리 이미 리깅(rigging)된 상용화 캐릭터를 불러와서 캐릭터의 관절, 포즈, 위치 변형 등의 제한된 에디팅 기능을 통해 캐릭터를 조작할 수 있다. 따라서 3D 그래픽과 3D 캐릭터 제작에 대해 전문 지식이 부족한 패션 전공자도 간단한 조작 방법을 익히면 사용하기 쉬운 3D 그래픽 소프트웨어이다.

또한 다양한 상용화 3D 캐릭터, 가상의상, 3D 액세서리 등을 중심으로 3D 가상 패션 콘텐츠 마켓 플레이스를 형성하고 있는 3D 콘텐츠 비즈니스 플랫폼이 많은 3D 가상의상 벤더들이 여러 온라인 마켓 플레이스에서 활동하고 있다.

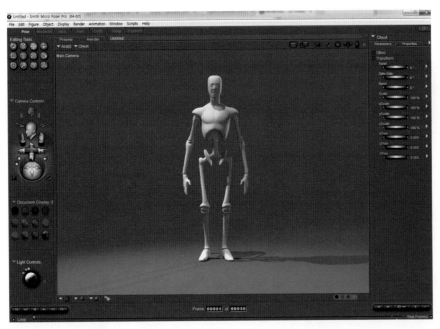

포저

UV맵퍼와 포토샵 _ UV맵퍼(UVmapper)는 UV 좌표를 포함하고 있는 3D 오브젝트의 표면 정보를 2D 맵으로 변환하는 소프트웨어로 사용이 쉽고 obj 파일을 불러온 뒤 원하는 맵 크기를 설정하면 불러온 3D 오브젝트의 2D 텍스처 맵(Texture Map)을 자동으로 추출해 준다. 이렇게 생성된 2D 텍스처 맵을 포토샵에서 불러와 원하는 텍스타일과 그래픽 작업을 하고, 결과물을 포저의 매터리얼창에서 세팅하면 가상의상의 재질감을 표현할 수 있다.

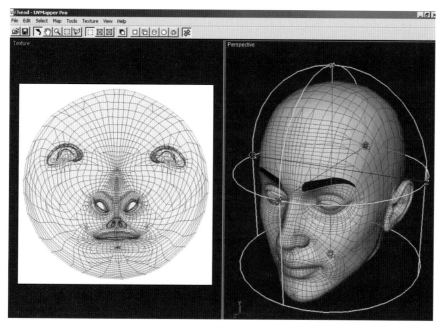

UV맵퍼

WEEK 3
가상의상 디자인 기획하기

학습목표
제작하고자 하는 가상의상의 디자인을 기획해 본다.

가상의상 디자인 기획

가상의상의 디자인 기획은 패션디자인의 기획과 같다. 하지만 포저용 상용화 캐릭터의 가상의상 중 아래의 내용과 같은 의상은 다이나믹 의상으로 구현하기 힘들기 때문에 주의해야 한다.

1 레이어드되는 의상

2 부피감이 큰 의상

3 단추, 디테일이 있는 의상

4 마블러스 디자이너에서 내부 선분으로 표현되는 디테일이 있는 의상

　가상의상 디자인을 기획할 때는 참고할 만한 다양한 자료를 수집하고, 디자인, 컬러, 패브릭 등 패션디자인에 필요한 내용을 구체적으로 설정한다. 또한 스타일화와 도식화를 통해 제작하고자 하는 가상의상의 실루엣 및 디테일을 설정한다.

　본 교재에서는 포저의 대표적인 여성 캐릭터인 빅토리아 4의 가상의상을 제작해 보고자 한다. 따라서 아래 그림과 같은 구체적인 패션디자인 기획 내용과 의상 제작을 위한 패턴을 준비해야 한다. 패턴은 교재의 마블러스 디자이너 부분을 참고하여 마블러스 디자이너의 패턴창에서 직관적으로 그려서 제작할 수 있다.

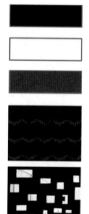

빅토리아 4의 가상의상 디자인 기획

가상의상과 함께 빅토리아 4의 전체적인 스타일링을 위한 코디네이션 기획도 준비한다. 코디네이션은 옷을 통하여 외모와 체형, 착용하고자 하는 목적에 부합하고 입는 사람의 장점을 부각시키기 위한 의복 차림으로, 인물의 단점을 보완하고 장점을 부각시킬 수 있다.

본 교재에서는 전체적인 작업이 끝나고 렌더링 전 단계에서 코디네이션을 진행한다. 또한 제작하고자 하는 가상의상의 코디네이션 아이템을 위하여 의상을 제작하는 동안 꾸준히 렌더로시티 마켓 플레이스(renderosity.com/mod/bcs/index.php)에 접속하여 검색을 통해 자료를 수집해 놓도록 한다.

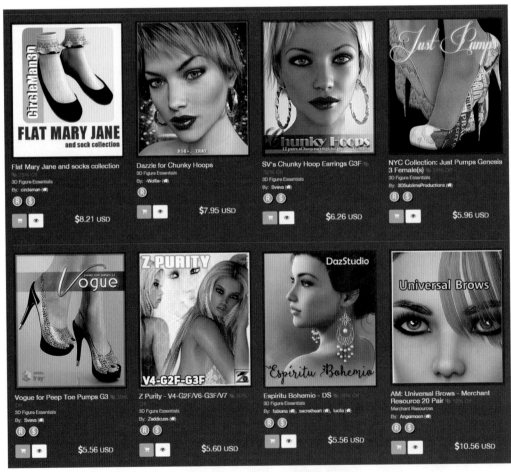

마켓 플레이스에서 판매 중인 다양한 아이템

WEEK 4
포저 입문하기

학습목표
포저 소프트웨어의 인터페이스를 살펴보고, 그 기본 구조와
사용 방법에 대해 학습한다.

포저 입문

포저의 기본 구성

작업창 _ 포저의 인터페이스는 3D 그래픽 소프트웨어로 가장 많이 사용되는 맥스나 마야와는 다르고, 오히려 어도비(Adobe) 소프트웨어의 인터페이스와 유사하게 구성되어 있다. 인터페이스는 크게 4개의 화면으로 상단의 메인 메뉴, 좌측면의 에디팅 기능 아이콘과 화면 조정 버튼을 포함하는 툴 모음, 정면 중앙의 작업 화면, 우측면의 라이브러리 및 속성창으로 구성된다. 따라서 3D 그래픽 전문 소프트웨어에 익숙하지는 않지만, 기본적으로 마이크로소프트의 소프트웨어나 어도비의 포토샵, 일러스트레이터에 익숙한 패션 전공자에게 친근감을 준다.

인터페이스의 상단 메뉴는 크게 2가지로 나누어진다. [File], [Edit], [Figure], [Object], [Display], [Render], [Animation], [Window], [Script], [Help]를 포함한 메인 메뉴가 있고, 이 안에서 기본적인 작업 파일의 생성·저장, 캐릭터와 오브젝트에 관련된 기능, 디스플레이, 렌더링, 애니메이션 설정에 필요한 기능이 들어 있다. 그 아래에는 각각의 작업창을 구분해 놓은 작업창 메뉴가 있다. 작업창은 [Pose], [Material], [Face], [Hair], [Cloth], [Setup], [Content]으로 기능에 따라 구분되는데, 포저용 3D 캐릭터의 다이나믹 의상을 제작할 때 사용되는 작업창은 [Pose], [Material], [Cloth]뿐이다.

다이나믹 의상 제작에 사용되는 3가지 작업창

1 **Pose** 캐릭터 조작과 3D 가상의상 제작의 기본 작업창으로 3D 캐릭터를 라이브러리에서 불러오고 캐릭터의 포즈 변형, 변형 몰프 적용, 애니메이션, 라이트 설정 등의 작업이 이루어진다. 오른쪽 라이브러리와 함께 캐릭터의 기본 포즈와 변형 몰프를 적용하고 애니메이션을 만드는 창이다.
2 **Material** 3D 캐릭터나 가상의상 아이템의 표면, 질감, 재질 등을 조정하기 위한 작업창이다. [Pose]창에서 보이는 기능창 오른편에는 매터리얼 룸에서만 사용할 수 있는 재질창이 나타난다.
3 **클로스창** 다이나믹 의상을 시뮬레이션을 통해 제어하기 위한 작업 공간이다.

편집 도구 _ 인터페이스 좌측면 상단에는 3D 캐릭터의 에디팅 기능을 정의하는 아이콘이 모여 있는 [Editing Tools]가 있다. 12개의 아이콘 중 포즈를 변형하는 데 사용되는 아이콘은 회전 (Rotate), 이동(Translate), 꺾기(Twist)이다. 나머지 아이콘은 앞서 설명한 컨포밍 의상을 제작하 거나 편집하는 데 사용되며 다이나믹 의상 제작에는 사용되지 않는다.

에디팅 툴 모음

1 **Rotate** 선택한 대상을 앞뒤·좌우로 회전(X축 또는 Z축 기준)
2 **Twist** 선택한 대상을 비틀듯이 회전(Y축 기준)
3 **Translate** 선택 대상을 상하좌우로 평행 이동(X축 또는 Y축 방향으로 이동)

카메라 도구창 _ 화면 뷰(view)는 아래 그림과 같이 인터페이스 좌측면과 작업창 오른쪽 상단의 [Camera Control]을 통해서 조작할 수 있다. [Camera Control]은 화면 줌, 화면 회전, 화면 이동 기능을 제공한다. 각 아이콘은 직관적으로 파악하기 쉬운 그림 형태로 되어 있어 기능에 대한 이 해와 사용이 쉽다. 아이콘 위에 마우스 커서를 놓으면 커서가 양방향 화살표로 바뀌는데, 그 상 태에서 마우스 왼쪽 버튼을 클릭하고 드래그하여 화면을 조작한다.

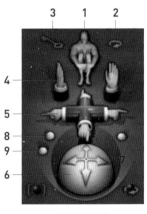

카메라 도구창

1 전체 카메라 종류 선택
2 캐릭터 중심으로 카메라 회전
3 애니메이션 시 카메라 잠금
4 카메라를 상하좌우로 이동
5 카메라를 앞뒤·좌우로 이동
6 카메라 회전으로 시점 변경
7 지면 기준으로 카메라 기울기
8 장면 기준으로 카메라 앞뒤 이동
9 카메라 초점 이동

라이브러리 _ 인터페이스의 우측면에 위치한 라이브러리에는 포저용 3D 캐릭터와 캐릭터에 착장하는 모든 아이템이 정리되어 있다. 아이템은 크게 Figures, Pose, Expressions, Hair, Hands, Props, Light, Cameras, Material, Scene이라는 10개의 카테고리로 구분된다. 라이브러리상에서 카테고리를 보여 주는 아이콘은 아래 그림에서 보는 바와 같이 이해하기 쉽도록 단순 명료한 그림으로 구성되어 있다. 또한, 카테고리별로 아이템이 알파벳 순으로 정렬되어 있고 단어를 통해서도 아이템 검색이 가능하므로 포저 라이브러리를 접해 보지 않은 사람도 원하는 아이템을 손쉽게 찾을 수 있다.

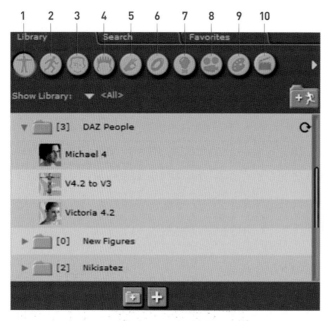

포저의 라이브러리와 내부 아이콘

1 **Figure** 포저 작업창에 캐릭터를 불러온다.
2 **Pose** 선택한 캐릭터의 자세, 얼굴, 체형을 위한 변형 몰프를 불러오거나 저장한다.
3 **Expressions** 캐릭터의 표정만 따로 저장된 몰프를 불러온다.
4 **Hair** 캐릭터의 헤어를 불러온다.
5 **Hands** 캐릭터의 손가락 포즈 변형을 위한 몰프를 불러온다.
6 **Props** 여러 가지 다양한 소품이나 액세서리, 관절이 없는 아이템 등을 불러온다.
7 **Light** 조명을 선택하거나 현재 조명을 저장한다.
8 **Camera** 카메라를 선택하거나 저장한다.
9 **Material** 캐릭터나 의상 아이템의 질감, 색상, 재질 등을 불러오거나 저장한다.
10 **Scene** 원하는 신을 불러오거나 저장한다.

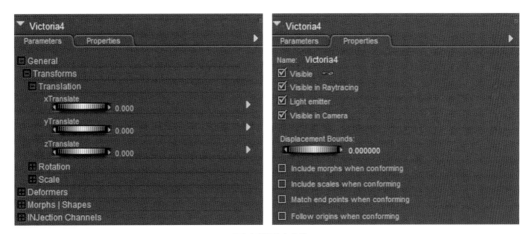

파라미터창과 속성창

파라마터창과 속성 팔레트창 _ 라이브러리의 모든 아이템은 특별한 프로세스 없이 마우스 더블
클릭만으로 중앙의 작업창 내로 불러오거나 불러온 3D 캐릭터에 적용할 수 있다. 작업창 오른
편의 파라미터창은 작업창에서 선택된 오브젝트의 기본 정보를 보여 주고, 오브젝트의 형태 변
형을 위해 삽입된 몰프(Morph) 소스의 속성(Properties)값을 보여 준다. 몰프 소스의 속성값은
속성창에 나타나는 다이얼 바(Dial Bar)를 좌우로 드래그하여 적용하므로 사용법이 간단하고,
작업창에서 직관적으로 변화된 형태를 관찰할 수 있어 포저용 상용화 캐릭터를 원하는 모습으
로 쉽게 변형할 수 있다.

애니메이션 제어창 _ 중앙 작업창 하단의 애니메이션 프레임은 3D 캐릭터의 애니메이션을 제작하
는 데 사용된다. 또한 클로스 시뮬레이션을 위해 프레임 간격을 두고 변형될 포즈를 설정하는 데
도 이용된다. 프레임 간 이동은 화살표를 클릭한 상태로 드래그하면 된다.
　1프레임에 캐릭터의 시작 포즈를 만들고, 원하는 프레임으로 이동하여 자세나 위치를 변환시
키면 캐릭터가 두 프레임을 이동하면서 자연스럽게 애니메이션이 만들어진다. 애니메이션 제작
시 카메라의 이동이나 시점이 변하는 것을 애니메이션에 포함시키지 않으려면 우측에 있는 열쇠
모양의 아이콘을 누른다.

애니메이션 제어창

WEEK 5
포저 상용화 캐릭터와 가상의상 파일
설치하고 사용하기

학습목표
포저 소프트웨어에서 사용 가능한 상용화 아이템을 구매하여
라이브러리에 설치하고 사용하는 방법을 알아본다.

포저 상용화 캐릭터와 가상의상 파일 설치 및 사용

렌더로시티(Renderosity)의 가상의상 마켓 플레이스에서 아이템을 구매하기 위해서는 우선 사이트에 회원 가입을 해야 한다. 등록된 아이디는 앞으로 제작·판매할 가상의상의 벤더(Vendor) 명으로 사용되므로 적절한 것을 선택하도록 한다.

가상의상 구입 절차

1 렌더로시티(www.renderosity.com)에 접속해서 회원 가입을 한다.

2 원하는 아이템을 찾기 위해 렌더로시티 상단 메뉴에 있는 마켓 플레이스에 접속하거나 아이템의 키워드를 검색창에 입력한다.

렌더로시티의 마켓 플레이스

아이템 가격과 [Add to Cart] 버튼　　　　　　　렌더로시티의 아이템 구매 절차

3 원하는 아이템의 프로모션 이미지를 클릭하면 메인 프로모션 이미지 우측 상단 또는 하단에 상품의 정보를 보여주는 리드미(Readme) 파일과 가격(Price)을 볼 수 있다. 하단의 [Add to Cart] 버튼을 클릭하면 상품을 구매할 수 있다.

4 이어서 [Proceed to Checkout] 버튼을 클릭하여 기본 정보를 확인하고 구매 절차를 밟는다.

5 아이템의 결제 수단을 결정한다. 일반적으로 신용카드 또는 페이팔(Paypal)로 결제 수단을 선택하고 정보를 입력한 후 [Place Order]를 눌러 주문을 완료한다. 기존에 벤더 활동을 통해 적립해 놓은 렌더로시티 스토어 크레딧(Store Credit)이 있다면 이것으로 결제하는 것도 가능하다.

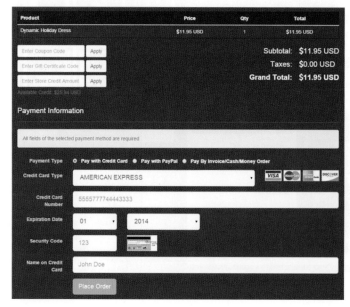

결제 수단 선택

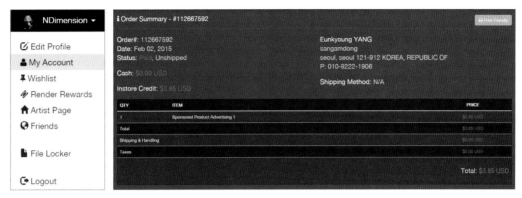

| 내 계정 보기 | 구매내역 다운로드 창 |

6 [My Account]의 구매 내용에서 구입된 아이템을 확인하고 zip 파일을 다운로드한다.

사용 방법

위와 같은 절차를 통해 온라인 마켓 플레이스에서 구매한 가상의상이나 액세서리, 헤어, 신발 등의 아이템 파일을 포저에서 사용하기 위해서는 라이브러리에 설치해야 한다. 파일의 설치 방법 및 설치 후 사용 방법은 아래와 같다.

1 구매한 가상의상 파일의 압축을 푼다.

2 압출을 푼 폴더 속 런타임(Runtime) 폴더를 선택하고 복사한다.

3 위에서 복사한 폴더를 내 문서에 위치한 포저 콘텐츠(예 : PoserPro 2012 Contents) 폴더 안의 런타임 폴더에 그대로 붙여넣기 한다.

컴퓨터에 설치된 포저 런타임 폴더

4 포저 프로그램 내 라이브러리에서 구매한 가상의상 파일이 존재하는 탭의 Refresh 아이콘 ⟳ 을 클릭하여 새로 고침해서 불러온다.

5 리스트에서 원하는 아이템을 선택한 후 마우스 더블 클릭으로 작업창에 불러온다.

WEEK 6
마블러스 디자이너를 활용하여
포저 캐릭터의 가상의상 제작하기

학습목표
마블러스 디자이너로 제작한 3D 가상의상을 포저용 여성 캐릭터인
빅토리아 4에 맞게 제작하는 방법을 익혀 본다.

포저 캐릭터의 가상의상 제작 : 빅토리아 4

캐릭터 불러오기

1 의상을 만들기 전에 우선 포저에서 A 포즈를 취한 빅토리아(Victoria) 4의 obj 파일을 만들어
   야 한다. 처음 포저 프로그램을 구동하면 포즈 작업창에 앤디(Andy)라는 기본(Default) 뼈대
   캐릭터가 나오는데, 이 캐릭터를 상단 메뉴 바 [Figure]에 있는 [Delete Figure] 메뉴를 클릭
   하여 삭제하고, 포저 인터페이스의 우측에 있는 라이브러리에서 빅토리아 4를 선택하여 마우
   스 더블 클릭으로 불러온다. 빅토리아 4는 라이브러리의 [Figures] 탭 안 [Daz People]이라는
   폴더 안에서 찾을 수 있다.

2 불러온 빅토리아 4는 변형 몰프(Morph)값을 포함하고 있어 원하는 모습으로 변형할 수 있
   다. 변형 몰프값은 인터페이스 우측 라이브러리 하단에 있는 몰프 파라미터의 다이얼을 돌려
   적용한다.

빅토리아 4가 있는 포저 작업창

캐릭터 내보내기

마블러스 디자이너에서 빅토리아 4에 맞추어 의상을 제작하기 위해서는 포저에서 빅토리아 4 의 포즈를 A 또는 T 모양으로 바꾸어 obj 파일로 내보내야 한다. 포즈를 A로 바꿀 때는 Right Shoulder 관절과 Left Shoulder 관절을 각각 45도 정도 아래로 내린다.

1 내리는 방법은 포저의 포즈(Pose)창에서 해당 관절을 선택하고 포즈창 오른쪽에 위치한 파라 미터창 내 [Rotation] 메뉴의 [Up-Down] 옵션의 수치에서 45(오른쪽)와 -45(왼쪽)를 각각 입 력한다.

2 A포즈가 완성되었다면 마블러스 디자이너에서 빅토리아 4 모델을 사용하기 위해 obj 파일로 내보내기 한다. 상단 메뉴의 [File] – [Export] – [Wavefront OBJ]를 클릭 후 나오는 옵션에서 [Single Frame]을 선택하고, 빅토리아 4 오브젝트만 선택(Ground 해제)한 후 기본 옵션 그대 로 저장하면 된다.

3 캐릭터 내보내기가 끝나면 작업 파일을 저장해 놓는다. 마블러스 디자이너에서 빅토리아 4의

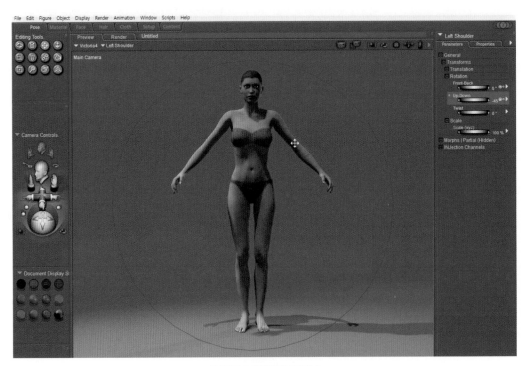

A포즈로 수정중인 빅토리아 4

캐릭터 내보내기 옵션창

가상의상 제작이 끝나면 다시 포저에서 제작한 가상의상을 불러와 작업을 이어가야 하기 때문이다.

마블러스 디자이너에 빅토리아 4 캐릭터 불러오기

1 마블러스 디자이너에서 빅토리아 4의 의상을 만들기 위해서 우선 마블러스 디자이너의 기본 아바타를 빅토리아 4 캐릭터로 대체한다. 상단 메뉴의 [파일] – [열기] – [아바타]를 클릭하여 앞에서 저장한 빅토리아 4의 obj 파일을 불러온다.

2 불러올 때는 파일의 단위를 8ft나 8.6ft로 하여 포저 캐릭터의 사이즈를 클로의 아바타와 비슷한 크기로 늘려서 가져온다. 불러온 빅토리아 4의 obj 파일은 뼈대 정보가 없는 것으로 빅토리아 4의 모습을 한 마네킹 위에 가상의상을 제작하는 것과 같다.

마블러스 디자이너의 빅토리아 불러오기 옵션창

마블러스 디자이너에서 3D 가상의상 제작하기

마블러스 디자이너에서 가상의상을 제작하는 방법은 3장의 마블러스 디자이너 관련 내용을 참고한다. 마블러스 디자이너에서 제공하는 아바타에 의상 패턴을 배치할 때는 마블러스 디자이너상의 배치 포인트를 사용할 수 있지만, 기본 클로의 아바타와 새로 불러온 빅토리아 4의 치수가 다르기 때문에 배치 포인트의 위치가 약간씩 상이할 수 있으므로 주의한다. 패턴 조각의 배치가 끝나면 실시간 가상 착의 시뮬레이션을 통해 제작한 패턴을 빅토리아 4에 입힌다.

이와 같은 방법으로 빅토리아 4 캐릭터의 의상을 제작하는 것이 어렵다면, 마블러스 디자이너

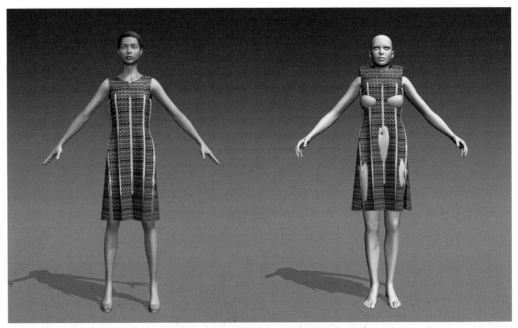

빅토리아 4위에 재배치한 패턴을 시뮬레이션한 모습

제작된 가상의상의 obj 파일을 내보내기 전 주의 사항

빅토리아 4의 가상의상이 완성되면, 패턴 전체를 선택하고 입자 간격을 10으로 조절하여 마지막으로 시뮬레이션한다. 시뮬레이션이 끝나면 가상의상을 obj 파일로 내보내기 전, 가상의상의 패브릭을 1가지로 적용시켜 동기화시킨 후 내보내야 한다. 이때 다시 시뮬레이션하기 버튼을 누르지 않고 그대로 가상의상의 obj를 내보낸다.

에서 기본적으로 제공하고 있는 아바타 위 배치 포인트를 이용하여 원하는 가상의상을 우선 제작하고, 제작이 완료되면 빅토리아 4 캐릭터를 불러와 앞서 시뮬레이션이 완료된 의상의 패턴을 빅토리아 4의 몸에 재배치한 후 다시 시뮬레이션해도 된다.

마지막으로, 마블러스 디자이너에서 빅토리아 4 캐릭터를 제외한 가상의상 오브젝트만을 내보내기(Export)하여 포저에 불러와 작업을 이어간다. 내보내기는 상단 메뉴의 [파일] – [Export] – [OBJ]를 통해 할 수 있다.

마블러스 디자이너의 의상 obj 파일 내보내기 옵션창

obj 내보내기를 할 때 주의할 사항

1. 오브젝트란에 보이는 오브젝트 중 클로스 셰이프나 패턴으로 명시된 것들을 제외하고 모두 선택 해제한다.
2. Welding(재봉선으로 연결된 점 합치기)을 체크한다.
3. 비정상적인 의상 삼각형 제거를 체크한다.
4. 통합 UV 좌표를 체크한다.
5. 스케일은 포저 소프트웨어상에서의 캐릭터 크기로 맞춘다(8ft 또는 8.6ft 체크).
6. 축 변환은 하지 않는다.

WEEK 7
포저 클로스 시뮬레이션 :
다이나믹 의상의 시뮬레이션 세팅

학습목표
- 포저의 클로스 시뮬레이션을 이해한다.
- 마블러스 디자이너에서 제작한 3D 가상의상을 빅토리아 4용
  다이나믹 의상으로 변환하기 위한 클로스 시뮬레이션을 설정하고
  테스트하는 방법을 이해한다.

다이나믹 의상의 시뮬레이션 세팅

포저에 3D 가상의상 오브젝트 불러오기

1 WEEK 6에서 저장해 놓은 A 포즈의 빅토리
아 4가 있는 포저 파일을 연다. 또는 포저
상단 메인 메뉴의 [File] - [New]를 클릭하
여 새로운 포저 파일을 만들고 라이브러리
에서 빅토리아 4를 불러와 기본 T 포즈를 A
포즈로 바꾼다. 포즈를 바꾸는 방법은 지난
시간의 내용을 참고한다.

2 빅토리아 4 캐릭터가 세팅된 것을 확인한 뒤
마블러스 디자이너에서 제작한 3D 가상의
상의 obj 파일을 포저로 불러온다.

외부의 obj 파일을 불러올 때는 포저 상단
메인메뉴의 [File] - [Import] - [Wavefront
Obj]를 클릭한 후 Obj 파일을 선택한다.

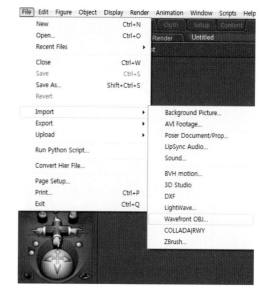

포저의 [Import] 메뉴

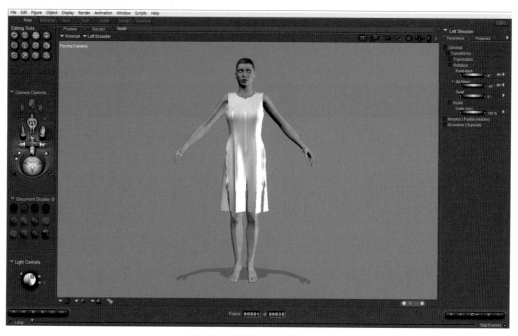

빅토리아 4에 입혀진 가상의상 오브젝트

3 마블러스 디자이너에서 빅토리아 4의 체형에 맞게 제작된 3D 가상의상은 포저에 불러왔을 때도 빅토리아 4의 보디상 착의 상태가 같다. 만약 불러온 3D 가상의상의 오브젝트가 빅토리아 4의 체형에서 벗어나 있다면 작업창 오른편의 파라미터 탭의 [Transform] xTran, yTran, zTran의 다이얼을 돌려 원래 자리에 맞게 의상의 위치를 조정할 수 있다.

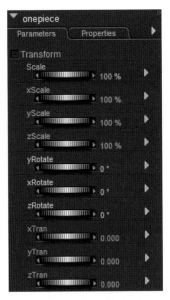

크기, 회전, 이동을 조절할 수 있는
Transform 툴

클로스 시뮬레이션을 위한 포즈 변형

다이나믹 의상은 캐릭터의 변형된 포즈에 맞추어 자연스러운 착장이 가능하다. 포저로 불러온 3D 가상의상을 빅토리아 4용 다이나믹 의상으로 만들기 위해서는 클로스 시뮬레이션을 통해 변형된 포즈에 맞게 가상의상을 착장시켜야 한다. 캐릭터의 포즈를 변형하는 방법은 아래와 같다.

1 클로스 시뮬레이션을 위해서는 우선 포즈창 하단의 애니메이션 프레임을 이용하여 변형될 포즈의 시간 간격을 설정해야 한다. 1프레임에 기본 A자 포즈의 캐릭터가 설정되어 있는데, 'Loop'이라는 단어 옆의 삼각형 아이콘을 30프레임에 끌어와 아래 그림과 같이 변형될 포즈를 설정한다.

애니메이션 프레임

2 빅토리아 4 캐릭터는 작업창 왼쪽 상단의 에디팅 도구를 이용하여 관절의 위치와 각도를 변형하여 원하는 포즈로 만들 수 있지만, 라이브러리의 포즈 탭에서 원하는 포즈 아이템을 더블 클릭하여 쉽고 빠르게 변형할 수도 있다. 본 교재에서는 후자의 방법을 이용하여 빅토리아 4의 포즈를 변형하도록 한다. 또한 원하는 캐릭터의 특정 포즈가 있다면 렌더로시티나 온라인 콘텐츠 마켓 플레이스에서 포즈 파일을 구매하여 사용할 수도 있다.

클로스 시뮬레이션을 위해 변형된 빅토리아 4의 포즈

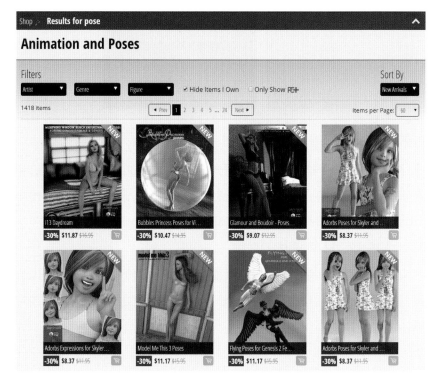

마켓 플레이스에서 판매되고 있는 포즈 파일의 예

시뮬레이션 세팅하기

시뮬레이션을 위한 변형 포즈 설정이 완성되면 작업창을 클로스창으로 이동한다. 클로스창에서 제공하는 클로스 시뮬레이션 기능을 통하여 1프레임에서 30프레임 사이의 빅토리아 포즈 변형에 맞추어 불러온 가상의상을 새롭게 착장시킬 수 있다. 시뮬레이션을 하는 방법은 아래와 같다.

1 클로스 시뮬레이션에서 시뮬레이션의 이름과 시작 프레임, 끝나는 프레임의 범주(Range)를 설정한다. 시뮬레이션의 이름은 자동으로 기입되는 'Sim1'을 그대로 사용해도 된다. 시뮬레이션 오브젝트 간 충돌값(collision)은 3가지 옵션 중 [Cloth self] – [Collision]만을 체크하고 진행해야 시스템의 연산 속도가 저하되는 것을 방지할 수 있다.

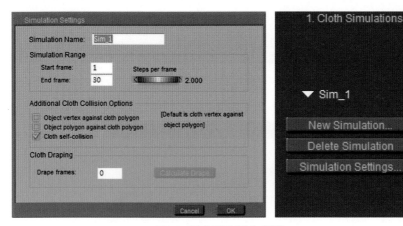

클로스 시뮬레이션의 1단계 세팅창

2 의상화(clothify)될 오브젝트와 의상과 충돌하여 시뮬레이션될 모델(Collision Objects)을 설정한다. 그리고 가상의상의 물성 표현을 위한 [Dynamic Control]의 속성값을 설정한다. 아래 그림과 같이 [Cloth Objects]–[Clothify] 버튼을 클릭하면 의상화될 오브젝트를 선택하는 창이 뜬다. 여기에서 앞서 불러온 가상의상 오브젝트를 선택한다.

이어서 선택된 의상 오브젝트가 충돌할 캐릭터나 오브젝트를 선택하기 위해서 [Collide Against]를 클릭한다. [Clothify]와 같은 방법으로 원하는 충돌 오브젝트(의상의 경우 착장시킬 캐릭터)를 선택한다.

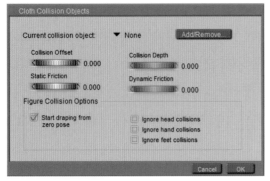

클로스 시뮬레이션의 2단계 세팅창

3 다음은 가상의상 오브젝트의 물성을 적용하는 단계이다. 마블러스 디자이너에서 제작된 3D 가상의상을 포저로 불러오면 마블러스 디자이너에서 시뮬레이션된 의상의 형태만 남고 시뮬레이션에 사용된 물성 정보는 사라진다. 따라서 포저의 클로스 시뮬레이션의 [Dynamics Controls]의 속성값을 조정해서 원하는 직물의 물성을 표현해야 한다. [Dynamics Controls]는 위 표에 정리한 것과 같이 3D 가상의상 오브젝트의 구김값(Cloth Self-friction, Static Friction, Dynamic Friction), 저항값(Fold Resistance, Shear Resistance, Stretch Resistance), 충돌 마찰값(Collision Friction) 등으로 구성되어 있고, 속성값을 조절할 수 있도록 다이얼과 숫자입력창을 제공하고 있다.

다이나믹 컨트롤창과 속성값의 정의

Dynamic Controls	정의	기본값
Fold Resistance	접힘의 저항값	5,000
Shear Resistance	찢어지는 것에 대한 저항값	50,000
Stretch Resistance	늘어짐에 대한 저항값	50,000
Stretch Damping	직물이 늘어지는 정도에 습기를 주어 둔탁하게 만들어 주는 값	0.0100
Cloth Self-friction	직물 자체의 저항값	0
Static Friction	직물이 위치값을 유지하려고 하는 정도값	0.5000
Dynamic Friction	움직임에 대한 저항값	0.1000
Air Damping	공기의 움직임에 대한 반응의 정도값	0.0200
Collision Friction	충돌 마찰값	On/Off

위의 속성값을 조정하여 클로스 시뮬레이션 테스트를 함으로써 표현하고자 하는 직물 소재의 물성 느낌을 비슷하게 구현할 수 있다. 서로 유사해 보이는 다이나믹 컨트롤 용어에 대한 이해와 각 속성값의 변화에 따른 물성 변화를 이해하기는 쉽지 않지만 [Dynamics Controls]의 속성값을 조정하며 시뮬레이션 테스트를 반복함으로써 원하는 실루엣에 가까운 의상을 구현할 수 있다. 대부분은 속성값을 디폴트(default) 상태로 놓고 시뮬레이션하면 되지만, 주름의 양이나 처짐

1. Fold Resistance(접힘 저항)
   값 ↑ : 구김이 덜 생김
   값 ↓ : 구김이 더 많이 생김

2. Shear Resistance(찢어짐 저항)
   값 ↑ : 주름이 더 많이 생김
   값 ↓ : 주름이 덜 생김

3. Strech Resistance(늘어짐 저항)
   값 ↑ : 주름이 더 많이 생김
   값 ↓ : 주름이 덜 생김

4. Stretch Damping(둔탁하게 만드는 정도 : 0~1사이)
   값 ↑ : 둔탁하여 흘러내리지 않음
   값 ↓ : 스트레치가 잘 일어나지 않아 흘러내림

5. Cloth Density(중력에 대한 저항값 : 0~1)
   값 ↑ : 중력에 저항 정도 강함
   값 ↓ : 중력에 저항 정도 약함

6. Cloth Self-Friction(직물 자체저항값 : 애니메이션 시 의상 자신이 형태를 유지하는 정도값)
   값 ↑ : 저항값이 높아짐
   값 ↓ : 저항값이 낮아짐

7. Static Friction(원래 위치를 유지하려는 값, Density에 영향을 받음)
   값 ↑ : 원래 위치 유지
   값 ↓ : 원래 위치 이탈

8. Dynamic Friction – Static Friction과 거의 같은 개념

9. Air Damping(공기에 반응하는 정도값)
   값 ↑ : 공중 부양(치마를 부풀릴 때 자주 사용)
   값 ↓ : 현 상태 유지

의 정도를 조절하기 위해서는 위 속성값을 조절하여 시뮬레이션을 해야 한다.

[Dynamic controls]의 속성값 조절에 대한 대략적인 이해를 위해서는 왼쪽 상자의 내용을 참고하여 시뮬레이션 테스트를 한다.

4 클로스 시뮬레이션의 설정이 완료되면 [Calculate Simulations]를 클릭하여 시뮬레이션을 시작한다. 시뮬레이션할 아이템 개수가 1개 이상일 때는 1단계로 돌아가 순차적으로 [New Simulation] 설정을 하고, 상단 메뉴에서 [Animation]-[Recalculate Dynamics]-[All Cloth]를 클릭하면 순차적으로 모든 의상을 시뮬레이션할 수 있다.

WEEK 8
포저 클로스 시뮬레이션 :
시뮬레이션 테스트

학습목표
포저의 클로스 시뮬레이션을 응용하여 마블러스 디자이너에서 제작한
가상의상의 클로스 시뮬레이션을 설정하고 테스트를 실행하여
빅토리아 4에 맞는 의상의 착장 형태를 구현한다.

시뮬레이션 테스트

클로스 시뮬레이션 테스트

1 클로스 시뮬레이션에서 [Simulation Name]에 시뮬레이션할 의상의 이름을 적는다. [Simulation Range]에 빅토리아 4 캐릭터의 포즈를 변형할 때 사용한 애니메이션 프레임 수를 적는다. Start frame은 1, End frame은 30을 준다.

　이어서 [Additional Cloth Collision Options]에서 Cloth Self-collision만 체크하고 [OK] 버튼을 누른다.

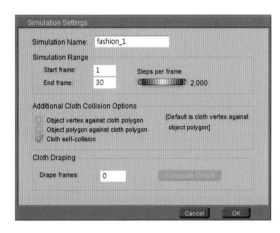

클로스 시뮬레이션 1단계 세팅

2 [Cloth Objects]에서 [Clothify]를 선택하고 불러온 가상의상 오브젝트를 선택한다. 본 교재에서는 앞서 마블러스 디자이너에서 제작되어 포저 내로 불러오기(import)할 때 fashion1이라는 이름으로 저장된 원피스 오브젝트를 선택한다.

오브젝트 선택창

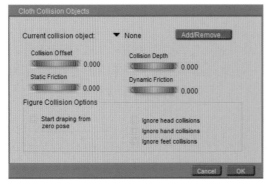

Collide Against될 오브젝트 선택창

3 이어서 [Collide Against]를 클릭한다. 위에서 선택된 fashion1 오브젝트와 충돌하여 시뮬레이션될 빅토리아 4를 선택한다.

4 포저에서 제공하는 [Dynamics Controls]의 기본 설정값을 이용하여 의상 시뮬레이션을 한다. [Calculate Simulations] 버튼을 클릭하면 시뮬레이션이 진행된다. 시뮬레이션할 아이템이 1개 이상일 때는 1단계로 돌아가 순차적으로 [New simulation] 설정을 하고, 상단 메뉴에서

빅토리아 4의 변형 포즈에 맞추어 착장된 가상의상

[Animation] – [Recalculate Dynamics] – [All Cloth]를 클릭하여 순차적으로 모든 의상을 시뮬레이션한다.

5 아래 그림에서 보는 바와 같이 다양한 포즈로 바꾸면서 시뮬레이션 테스트를 진행한다. 캐릭터의 변형 포즈가 설정된 애니메이션 프레임의 30프레임에서 라이브러리 [Pose] 탭에 있는 상용화 포즈를 2번 클릭하면 빅토리아 4의 포즈를 빠르고 다양하게 변화시킬 수 있다. 원하는 포즈가 있다면 온라인 마켓 플레이스에서 판매되고 있는 상용화 포즈를 구입하여 테스트한다.

6 변형된 포즈에 따른 가상의상의 착의 상태를 확인한다. 필요한 경우 앞 장에서 제시된 [Dynamics Controls]의 파라미터를 조정한 후 다시 테스트하고, 그 결과를 보면서 의상의 착장 상태를 수정, 보완해 나간다.

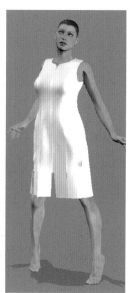

변형된 포즈에 따라 시뮬레이션 테스트한 가상의상

WEEK 9
가상의상의 재질감 표현 :
텍스처 이미지 제작 방법

학습목표
마블러스 디자이너로 제작된 3D 가상의상을 포저 캐릭터용
가상의상으로 제작할 때 재질감을 표현하는 방법을 이해하고,
재질감 표현에 필요한 텍스처 이미지를 제작하는 방법을 익혀 본다.

텍스처 이미지의 제작

3D 가상의상의 UV맵 추출하기

의상의 재질은 기본적으로 2D 텍스처 이미지를 이용하여 표현한다. 텍스처 이미지를 제작하기 위해서는 우선 마블러스 디자이너에서 제작한 3D 가상의상의 UV맵(UVmap)을 추출해야 한다. UV맵이란 3D 오브젝트를 구성하는 폴리곤(Polygon) 표면의 좌표값을 저장한 정보를 나타내는 이미지이다. 3D 가상의상의 재질 표현은 3D 의상 오브젝트 표면을 구성하는 폴리곤의 각 좌표값에 맞게 2D 그래픽 이미지를 입혀 사실적으로 보이게 한다. 사용되는 2D 이미지가 3D 오브젝트의 표면을 따라 정확한 위치에 입혀지도록 UV맵에 맞는 텍스처 이미지를 제작하는 것이 중요하다.

UV맵을 추출하기 위해서는 3D 오브젝트의 표면에 존재하는 정점의 좌표값을 아래 그림과 같이 2D 이미지로 펴야 한다. 패션 전공자의 입장에서 UV좌표를 이해하고 UV맵을 제작한다는 것이 쉬운 일은 아니지만, UV맵퍼를 이용하면 마블러스 디자이너에서 제작한 3D 가상의상의 패턴 모양 그대로 UV맵을 빠르게 추출할 수 있다.

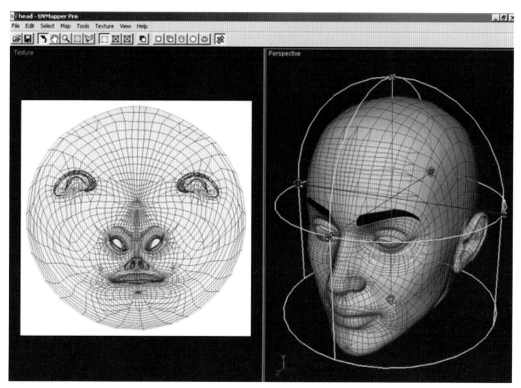

3D 오브젝트의 UV맵

UV맵퍼의 사용 방법

UV맵퍼의 사용 방법은 매우 간단하다. 제작된 3D 가상의상의 obj 파일을 UV맵퍼에 로드하고 로드된 UV 좌표 정보를 [UV Texture Map] 메뉴를 클릭하여 저장하면 된다. 저장할 때의 사이즈는 2,000픽셀에서 3,000픽셀 사이가 적당하다.

1 [File] 메뉴에서 [Load Model]을 클릭한다.
2 UV맵을 추출하고자 하는 3D 가상의상 obj 파일을 로드한다.
3 [File] 메뉴에서 [Save Texture Map]을 클릭한다.
4 UV맵 이미지의 크기를 Width 2000, Height 2000으로 설정하고 [OK]를 클릭한다.
5 UV맵을 저장할 곳을 지정하여 저장한다.

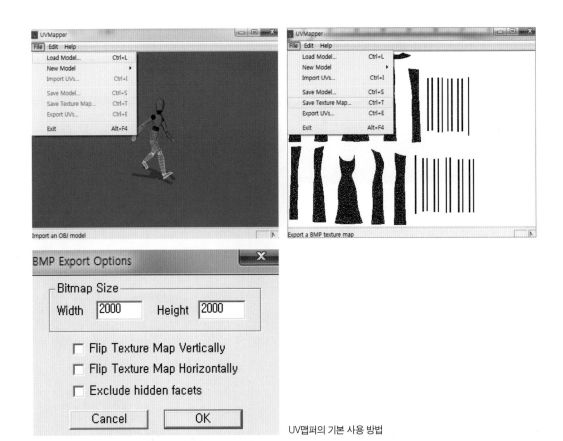

UV맵퍼의 기본 사용 방법

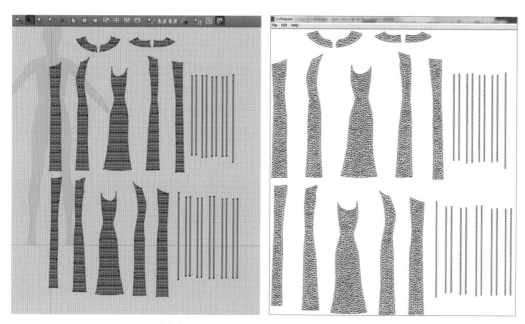

마블러스 디자이너의 패턴(좌)과 UV맵퍼로 추출한 UV맵(우)

텍스처 이미지 제작하기

1 저장된 UV맵은 포토샵으로 불러와서 [Image] – [Mode]에서 RGB 모드로 바꾼다.

2 새 레이어를 하나 만들고 그 위에 패턴의 UV맵 위치에 맞추고 다음 그림과 같이 원하는 텍스타일과 색상·문양을 넣어 텍스처 이미지를 완성한다.

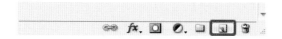

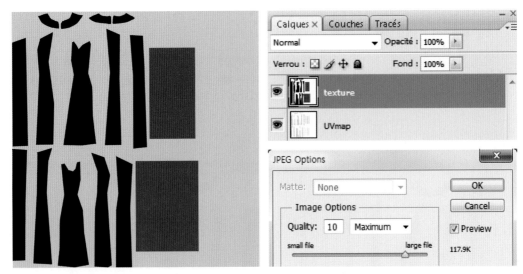

포토샵에서 제작된 텍스처 이미지

3 완성된 이미지는 jpeg 파일로 저장한다. 이미지의 용량이 너무 크다면 이미지 옵션의 품질값을 10으로 하여 저장한다.

포저에서 재질감 적용하기

제작한 텍스처 이미지를 이용하여 3D 가상의상의 재질감을 표현하기 위해서는 포저의 [Pose]창에서 [Materials]창으로 이동한다. [Materials]는 재질감 표현에 필요한 셰이더(shader)를 연결하여 3D 오브젝트의 표면의 색상 및 질감을 표현할 수 있는 작업창이다. 셰이더란 재질을 표현하는 효과를 중첩시켜 화면상에 필요한 텍스처 효과를 보여 주는 함수들이다. 포저에서 셰이더는 노드(node)라고 불리는 1개의 재질 효과를 차례대로 연결시키는 방식으로 사용된다.

포저에서 3D 오브젝트의 재질은 기본적으로 포저 서피스(Poser Surface)라는 단위로 나누어진다. 포저 서피스는 고유 색상(Diffuse Color), 정반사 색상(Specular Color), 하이라이트 색상(Highlight Color), 환경광 색상(Ambiant Color), 오브젝트 투명도(Transparency), 반사도(Reflection), 굴절도(Refraction)와 그 외 직물의 실제감을 살리는 다양한 재질 효과로 구성되어 있다. 지금부터 가상의상의 재질감을 나타내는 기본적인 방법을 살펴보자.

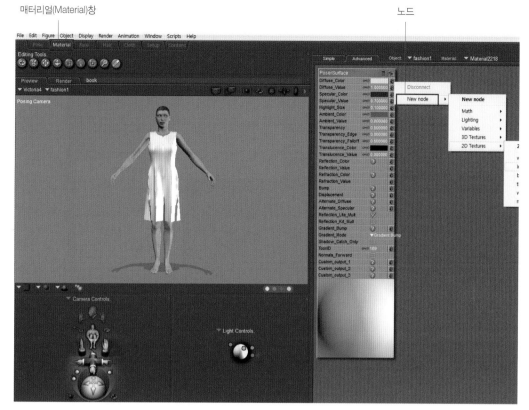

매터리얼(Material)창

노드

포저의 매터리얼창

직물의 고유 색상 표현하기

3D 가상의상의 고유 색상을 표현하기 위해 앞에서 제작한 텍스처 이미지를 [Diffuse_Color]에 연결한다.

1 재질감을 표현할 의상 obj를 포저 화면 왼쪽의 Preview창에서 선택한다.

2 [Diffuse_Color] 옆의 콘센트 아이콘 🔵 을 클릭하면 텍스처 이미지를 연결하는 노드 박스가 생성된다.

3 그다음에 아래 그림과 같이 [New node] – [2D Textures] – [image_map] 순으로 텍스처 이미지를 불러와서 연결시킨다.

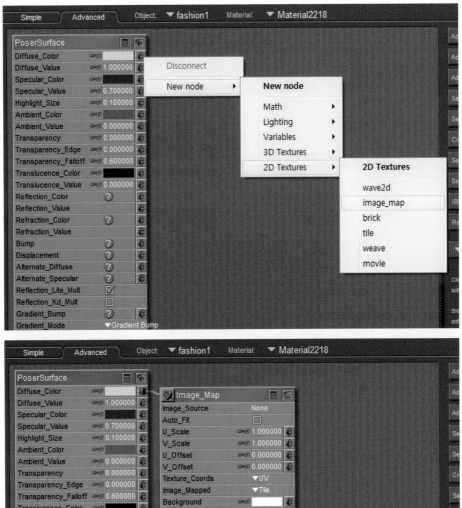

Diffuse_Color에 연결된 텍스처 이미지

직물 표면의 반사도 표현하기

1 직물의 반사도를 표현하기 위해 Specular_Color에도 이미지 맵을 만들어 연결해 준다. 부분적으로 반사값을 변화시키고자 한다면, 반사되는 정도를 표현하는 specular 맵을 만들어 매터리얼 셰이더에 연결시켜야 한다. Specular 맵은 검정과 하양을 이용하여 반사되는 정도를 표현하는 이미지로, 검정은 반사도가 0%, 하양은 100%, 회색은 1~99%의 상대적인 반사도를 갖는다.

2 본 교재에서는 앞서 제작한 가상의상의 패턴 조각들이 연결되는 부분에 들어간 좁은 패턴들이 상대적으로 덜 반사되는 재질로 표현하기 위해 앞서 만든 색상을 표현하는 텍스처 맵을 이용하여 검정에서 흰색 사이의 색상으로 의상의 재질이 갖는 반사도 정도를 표현하는 이미지를 만들어 준다.

3 스팽글이나 플라스틱 단추와 같이 재질의 반사도가 높은 부자재는 흰색으로 표현할 수 있다.

4 텍스처 이미지를 연결한 방법과 같이 Specular_Color에 제작된 Specular 맵 이미지를 연결시킨다.

흑백으로 표현한 Specular 맵 이미지

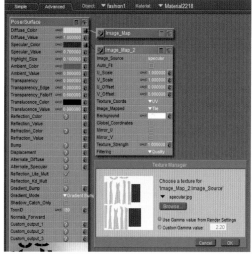

Specular_Color에 연결된 specular 맵 이미지

직물 표면의 양감 표현하기

1 소재의 표면에 울퉁불퉁한 질감을 더하기 위해 Bump에 Bump 맵을 연결시킨다. Bump란 울퉁불퉁한 표면 질감을 표현해 주는 셰이더이고, 연결시키는 Bump 맵은 흑백으로 표면의 울퉁불퉁한 정도값을 표현한 이미지이다.

2 Bump 맵 이미지는 원하는 소재의 이미지를 포토샵에서 흑백으로 바꾼 뒤 앞에서 색상 이미지와 반사도 이미지를 연결해 준 것과 같이 매터리얼창의 Bump 셰이더에 2D 이미지 맵 노드를 짜서 연결해 준다.

3 직접 Bump 맵 이미지를 만들 때는 직물 표면에서 튀어나오는 부분은 흰색, 들어가 보이는 부분은 검은색으로 표현한다.

4 Bump 맵 이미지가 클 경우, 이미지 맵의 Scale로 크기를 조절해 준다. 본 예제에서는 [U_Scale]과 [V_Scale]을 0.2로 조절하였다.

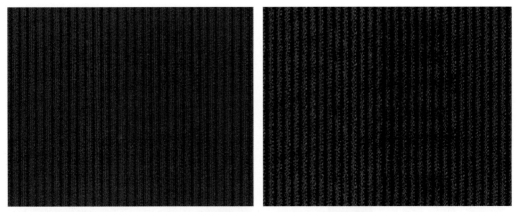

Bump 맵을 위해 흑백으로 만든 소재 이미지

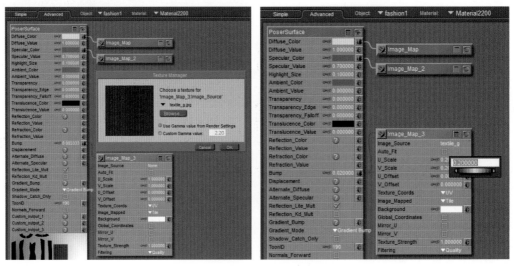

Bump 맵 연결하고 이미지 Scale 조절하기

WEEK 10
가상의상의 재질감 표현 :
스타일별 매터리얼 제작 실습

학습목표
빅토리아 4의 가상의상 상용화를 위해 다양한 스타일별 매터리얼
제작 실습을 진행한다.

가상의상의 재질감 표현 : 스타일별 매터리얼 제작 실습

스타일별 텍스처 이미지 제작하기

1 빅토리아 4의 가상의상을 상용화하기 위해서는 4개 이상의 스타일별 매터리얼을 구성해야
   하므로, 앞에서 다룬 매터리얼 셰이더 제작 방법을 참고하여 포토샵에서 아래의 예제와 같

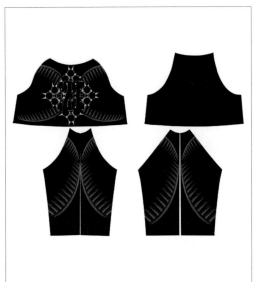
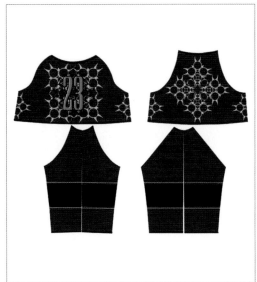

상의 재질의 색상 표현을 위해 제작된 텍스처 이미지

이 다양한 스타일의 2D 텍스처 이미지를 만든다. 또한 필요한 재질 표현에 따라 스타일별 Specular 맵 이미지와 Bump 맵 이미지를 준비한다.

치마 재질의 색상 표현을 위해 제작된 텍스처 이미지

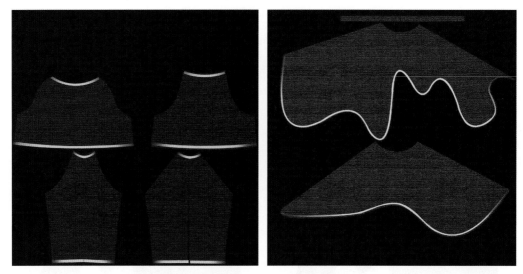

상의와 하의의 반사도 표현을 위해 제작된 Specular 맵 이미지

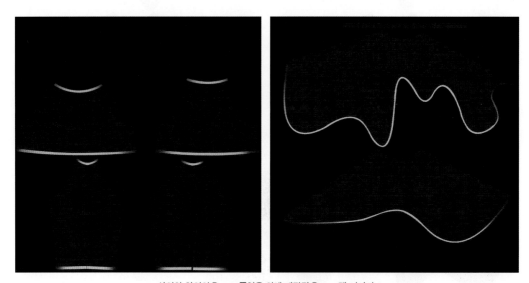

상의와 하의의 Bump 표현을 위해 제작된 Bump 맵 이미지

2 준비된 이미지를 아래 그림과 같이 노드를 짜서 Diffuse_Color, Specular_Color, Bump의 셰이더에 각각 연결하고 적용 수치값(Value)을 조절하여 재질감을 표현한다.

4가지 스타일별 매터리얼로 표현한 가상의상

3 면, 에나멜, 가죽 등의 재질도 앞의 방법으로 셰이더를 구성하고 각 셰이더의 정도값을 조절하여 표현할 수 있다. 아래 셰이더의 정도값 예를 참고하여 다양한 재질감 표현을 한다.

에나멜과 가죽의 재질감을 표현할 경우, Bump 셰이더 아래에 위치한 [Alternate Specular] 셰이더에 [Glossy], [Blinn] 효과를 각각 연결하면 더욱 사실감 있는 표현을 할 수 있다. [Glossy]와 [Blinn] 노드는 아래 그림과 같이 [Lighting] – [Specular]에서 찾아 연결할 수 있다.

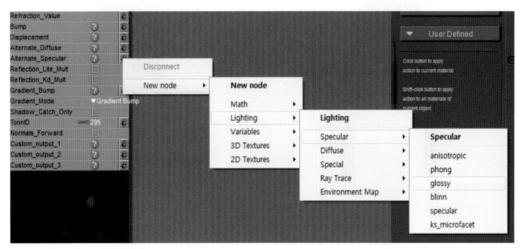

반짝임을 표현하는 [Lighting] 노드

면, 에나멜, 가죽 재질 표현을 위한 매터리얼 셰이더

재질 효과	면	에나멜	가죽
Diffuse color	1	0.85	0.85
Specular color	0.6	0.25	0.2 glossy, granite node 연결
Highlight size	0.05	0.09	0.07
Reflection color	0.2	0.05 reflect node 연결	0.04 reflect node 연결
Alternate specular	–	glossy node 연결	blinn node 연결

면, 에나멜, 가죽의 재질감을 표현한 가상의상

WEEK 11
라이브러리에 가상의상 파일 저장하기

학습목표

완성된 빅토리아 4의 가상의상을 포저 라이브러리 파일로 저장하고
상용화를 위한 런타임 폴더 구성 방법을 익힌다.

라이브러리 파일 저장하기

가상의상의 시뮬레이션 정보가 담겨 있는 프랍 파일 만들기

가상의상의 프랍(Prop) 파일은 라이브러리의 [Props]에 등록되는 파일이다. 시뮬레이션이 끝난 가상의상을 라이브러리에서 바로 불러올 수 있도록 pp2 형식의 포저 프랍 파일로 변환해야 한다. pp2 형식으로 변환하는 작업은 포저 라이브러리에서 한다.

1 아래 그림과 같이 라이브러리 [Props] 탭 하단의 [Create New Folder] 버튼을 클릭한다.

2 가상의상을 저장할 새 폴더를 만든다.

3 폴더 이름을 적는 팝업창이 뜨면 상품명을 적고 [OK] 버튼을 누른다.

라이브러리에 가상의상 프랍 정보 등록하기

4 새 폴더가 완성되면 [Props] 탭 하단에 있는 추가 버튼을 클릭한다.

5 선택된 가상의상 아이템을 폴더 안에 pp2 파일로 저장한다. 이렇게 삽입된 가상의상의 프랍 파일은 포저 프로그램 설치 시 내 문서 폴더 안에 자동 생성된 콘텐츠 라이브러리의 런타임의 Props 폴더에 아래 그림과 같이 자동 생성된다.

6 프랍 파일의 정보를 시각적으로 보여 주는 섬네일(Thumbnail) 이미지도 자동으로 만들어지는데, 등록된 가상의상을 효과적으로 표현할 수 있도록 아래 그림과 같이 수정하도록 한다.

라이브러리 [Props] 탭에 가상의상 아이템
등록하기

포저 콘텐츠 라이브러리 런타임 내 자동 생성된
프랍 파일과 섬네일 파일

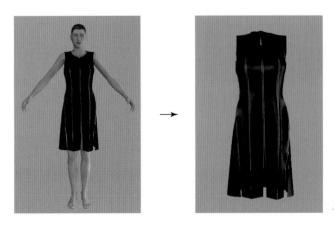

프랍의 수정된 섬네일 이미지

스타일별 매터리얼 파일 저장하기

가상의상의 프랍 파일 저장이 완료되면 의상에 적용한 재질의 스타일별 매터리얼을 저장한다. 프랍 파일과 같은 방법으로 라이브러리 [Material] 탭에 새로운 폴더를 만들고 저장한다.

1 매터리얼의 셰이더가 완성되면 매터리얼을 등록할 가상의상 오브젝트를 선택한다.

2 라이브러리의 [Materials] 탭 안 버튼 을 클릭하여 새 그룹 폴더를 만들고, 그 안의 추가 버튼 을 클릭하여 적용된 매터리얼을 하나씩 저장한다.

3 매터리얼을 저장할 때는 아래 그림과 같이 새로운 매터리얼 세트 등록 팝업창이 뜨는데, 2개의 옵션 중 [Material Collection]을 선택하여 저장한다.

새로운 매터리얼 세트 등록 팝업창

라이브러리 [Materials] 탭에 저장된 매터리얼 정보

4 저장된 가상의상의 매터리얼은 프랍과 마찬가지로 포저 프로그램 설치 시 내 문서 폴더 안에 자동으로 생성된 콘텐츠 라이브러리 속 런타임의 Materials 폴더 내에 아래 그림과 같이 자동으로 생성된다. 이때 스타일 정보를 시각적으로 보여주는 섬네일 이미지도 자동으로 생성되는데, 등록된 가상의상을 효과적으로 표현할 수 있도록 상품의 콘셉트에 맞게 수정한다.

5 수정할 섬네일 이미지를 마우스 오른쪽 버튼을 클릭하여 포토샵에서 연 후 포저창에서 캡쳐한 각각의 스타일별 의상 이미지로 대체한 후 저장한다.

포저 콘텐츠 라이브러리 런타임 내 자동
생성된 매터리얼 파일과 섬네일 파일

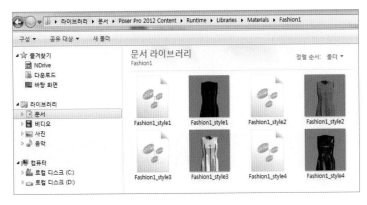

수정된 섬네일 파일의 이미지

WEEK 12
상용화 프로세스 : 라이브러리,
도큐멘테이션, 템플릿 파일 준비

학습목표
상용화를 위한 프로세스를 익히고, 런타임과 함께 제작된
가상의상의 상용화에 필요한 자료를 준비한다.

라이브러리, 도큐멘테이션, 템플릿 파일 준비

런타임 폴더 구성

시뮬레이션 테스트와 매터리얼 구성이 끝난 가상의상을 상용화하기 위해서는 포저 라이브러리의 파일 계층 구조(Hierarchy)에 맞추어 가상의상을 구성하는 데이터를 저장해야 한다. 라이브러리에서 불러오는 모든 아이템의 정보는 런타임(Runtime)이라는 상위 폴더 안에 정렬된다.

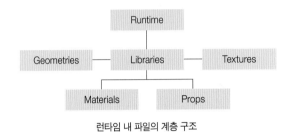

런타임 내 파일의 계층 구조

런타임을 구성하는 파일 리스트는 다음과 같다. 아래의 모든 정보 파일이 저장된 런타임 폴더의 압축 폴더와, 판매하고자 하는 가상의상의 정보를 정리해 놓은 리드미(Readme) 파일, 렌더로시티가 제시하는 라이선스(Licence) 파일을 준비한다.

1 **Geometries(obj)** 의상 obj 파일
2 **Props(pp2)** 의상의 시뮬레이션 정보를 담고 있는 의상의 프랍 파일
3 **Materials(mc6)** 의상의 재질감 정보를 담고 있는 매터리얼 파일
4 **Textures(jpeg)** Material을 구성하는 텍스처 이미지 파일
5 의상 아이템별 UV맵 템플릿 파일
6 리드미 파일과 라이선스에 대한 정보가 명시된 파일

리드미 파일 제작과 라이선스 파일 준비

리드미 파일은 판매하고자 하는 상품에 대한 정보를 담은 텍스트 파일이다. 리드미 파일의 작성 방법은 판매자에 따라 다르지만, 기본적으로 아래와 같은 정보를 명시하고 있어야 한다.

1 판매자
2 가상의상에 대한 설명 및 사용법
3 판매하는 파일의 리스트
4 아이템 사용 시 주의사항

5 레퍼런스 상품 리스트(프로모션 이미지 제작에 사용된 다른 판매자의 상품)

리드미 파일의 예는 다음과 같다. 준비된 예제를 참고하여 상용화하고자 하는 상품 특성에 맞추어 리드미 파일을 제작한다.

****

* Product Name : FL23's Top&Skirt Set for V4 ●——— 가상의상 제품명
* Copyright : Aug, 2014 ●——— 상품등록일
* all of this product's content was created by NDimension & FL23 ●——— 상품 제작 및 판매자명

****

〈**Product description**〉●——— 제품에 대한 구체적인 설명

Thank you for purchasing "FL23's Top&Skirt Set for V4".

FL23's Top&Skirt Set for V4 is an original dynamic clothing set for DAZ's Victoria 4.

The clothing includes 3 pieces of dynamic colth :

    Top
    Skirt ●——— 제품을 구성하는 아이템 종류
    Innerskirt

and with 05 Poser Materials for Top
    05 Poser Materials for Skirt ●——— 제품을 구성하는 아이템 매터리얼의 종류별
    05 Poser Materials for Innerskirt

To use this pack you only need V4 character and clothing room of Poser. ●——— 제품을 사용하기 위한 캐릭터명

Hair and shoes are not included in this produit.

〈**System requirements**〉●——— 제품을 사용하기 위해 필요한 소프트웨어 사양

Poser 7 or above / DAZ Victoria4.2 (not tested with DS)

1. Load V4 from Library.

2. Go to first frame. Apply Start Pose.

3. Go to last frame. Apply your body morphs and pose. (Cloth doesn't automatically pose to Figure)

4. Load Dynamic Clothting Item(Innerskirt, Skirt and Top) from Prop of Library.

5. Go to Cloth Room(Order to simulate : Innerskirt-〉 Top).

6. Press 'New Simulation' button. The 'Simulation Setting' box will appear. Simply, press 'Ok' button(Note: Click on checkbox 'Self collision' for better result, but note that it can increase amount of time it takes to fit the cloth.).

7. Press 'Clothify' button. The 'Clothify' box will appear. First, select innerskirt item from the dropdown list and click 'Ok'.

8. Press 'Collide Against'. The 'Cloth Collision Objects' box will appear. Click on 'Add/ Remove'. The 'Hierarchy selection' box will appear.

9. Choose V4's body, and click 'Ok'.

10. Goto step 6.

11. Press 'Clothify' button. The 'Clothify' box will appear. Select skirt item from the dropdown list and click 'Ok'.

12. Press 'Collide Against'. The 'Cloth Collision Objects' box will appear. Click on 'Add/ Remove'. The 'Hierarchy selection' box will appear.

13. Choose V4's body and innerskirt item in collisions, and click 'Ok'. In the 'Cloth Collision Objects' box click 'Ok'.

14. Goto step 6 again.

15. Press 'Clothify' button. The 'Clothify' box will appear. Select top item from the dropdown list and click 'Ok'.

16. Press 'Collide Against'. The 'Cloth Collision Objects' box will appear. Click on 'Add/ Remove'. The 'Hierarchy selection' box will appear.

17. Choose V4's body and innerskirt and skirt item in collisions, and click 'Ok'. In the 'Cloth Collision Objects' box click 'Ok'.

18. Animation(Main Menu above) 〉 Recalculate Dynamics 〉 All Cloth, then it will be

draping by the direction innerskirt, skirt and top. The draping will take time a bit cause of Hi-Resolution

⟨**Usage Tips/limitations**⟩ ●——— 제품 사용의 제한점

Try to avoid extremal bend angles for legs and arms.
Avoid intersection between body, legs and arms while moving.

⟨**Files list**⟩ ●——— 제품을 구성하는 파일 리스트

\Runtime\Geometries\NDimension\FL23\Top&Skirt_V4

    Innerskirt.obj
    Skirt.obj
    Top.obj

제품을 구성하는 가상의상 아이템의 3D 오브젝트 파일

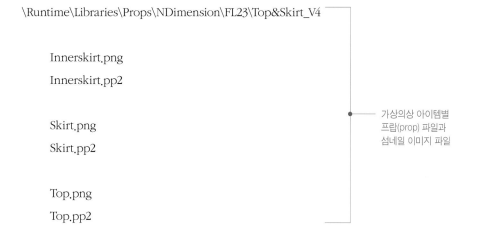

\Runtime\Libraries\Props\NDimension\FL23\Top&Skirt_V4

    Innerskirt.png
    Innerskirt.pp2

    Skirt.png
    Skirt.pp2

    Top.png
    Top.pp2

가상의상 아이템별 프랍(prop) 파일과 섬네일 이미지 파일

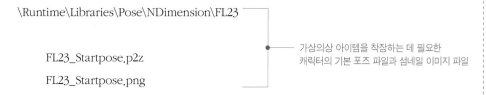

\Runtime\Libraries\Pose\NDimension\FL23

    FL23_Startpose.p2z
    FL23_Startpose.png

가상의상 아이템을 착장하는 데 필요한 캐릭터의 기본 포즈 파일과 섬네일 이미지 파일

\Runtime\Textures\NDimension\FL23\Top&Skirt_V4

FL23_innerskirt_black.jpg

FL23_innerskirt_blue.jpg

FL23_innerskirt_green.jpg

FL23_innerskirt_grey.jpg

FL23_innerskirt_red.jpg

FL23_skirt_blue.jpg

FL23_skirt_bump.jpg

FL23_skirt_bump2.jpg

FL23_skirt_grey.jpg

FL23_skirt_lightgreen.jpg

FL23_skirt_olive.jpg

FL23_skirt_red.jpg

FL23_top_blue.jpg

FL23_top_bump.jpg

FL23_top_bump2.jpg

FL23_top_grey.jpg

FL23_top_lightgreen.jpg

FL23_top_olive.jpg

FL23_top_red.jpg

가상의상 아이템별 매터리얼을
구성하는 Diffuse color 이미지

\Runtime\Libraries\Materials\NDimension\FL23\Top&Skirt_V4

FL23_innerskirt_blue.mt5

FL23_innerskirt_blue.png

FL23_innerskirt_grey.mt5

FL23_innerskirt_grey.png

FL23_innerskirt_lightgreen.mt5

FL23_innerskirt_lightgreen.png

FL23_innerskirt_oliveblack.mt5

FL23_innerskirt_oliveblack.png

FL23_innerskirt_red.mt5

FL23_innerskirt_red.png

FL23_skirt_blue.mt5

FL23_skirt_blue.png

FL23_skirt_grey.mt5 ●——— 가상의상 아이템별 매터리얼 파일과
섬네일 이미지 파일

FL23_skirt_grey.png

FL23_skirt_lightgreen.mt5

FL23_skirt_lightgreen.png

FL23_skirt_olive.mt5

FL23_skirt_olive.png

FL23_skirt_red.mt5

FL23_skirt_red.png

FL23_top_blue.mt5

FL23_top_blue.png

FL23_top_grey.mt5

FL23_top_grey.png

FL23_top_lightgreen.mt5

FL23_top_lightgreen.png

FL23_top_olive.mt5

FL23_top_olive.png

FL23_top_red.mt5

FL23_top_red.png

라이선스 파일 준비하기

라이선스 파일은 일반적으로 렌더로시티에서 판매되는 가상의상 아이템에 대한 기본적인 라이선스 내용을 텍스트 파일에 저장하여 사용자에게 제공하는 것이다. 특별히 타 기관에 등록된 저작권이 있다면 함께 명시하도록 한다. 렌더로시티의 콘텐츠 상용화 관련 라이선스는 다음 렌더로시티의 웹사이트(www.renderosity.com/marketplace-standard-license-cms-13161)에서 확인할 수 있고 다음과 같다. 라이선스 내용을 복사하여 텍스트 파일(txt)을 만들어 그대로 사용하면 된다.

STANDARD END USER LICENSE AGREEMENT
FOR RENDEROSITY MARKETPLACE PRODUCTS ── 마켓 플레이스에서 구입한 콘텐츠 사용자의 권한에 대한 기본 라이선스

1) GENERAL AGREEMENT AND TERMS OF USE : ● ── 일반적인 계약 내용 및 이용 약관

a) It is the Buyer's responsibility to completely read and understand this license (the "License") before using any Renderosity Marketplace Product (the "Product"). If you (the "Buyer") are unsure about anything in this License, please send an email to license@renderosity.com before using any Renderosity files.

b) This is a legal and binding agreement between you (the "Buyer") and Renderosity Marketplace, ("Renderosity"). By installing, downloading, copying, or otherwise using any Renderosity Product, the Buyer has conclusively agreed to and accepted all of the terms and conditions of this License. If you do not completely and unconditionally agree to all of these terms, do not purchase or download the Products. You may contact store@renderosity.com within seven (7) days for a refund, if you do not agree and have not downloaded any of the Products.

c) Purchase of the Product from Renderosity grants the Buyer a Limited, Non-Exclusive, NON-Transferable License to use the contents of the Product files when in compliance with uses allowed in this License.

d) The Buyer retains this License, even if Renderosity or the Vendor stops selling the work at a later date, or decides to charge a different price.

e) Software programs, utility Products and Merchant Resources may have an additional license from the company or vendor that developed it. The Buyer agrees to be bound by any additional License of Software Programs or utilities.

f) For any Product to be considered a Software program, utility or Merchant Resource it must be clearly stated as such.

2) OWNERSHIP : •——— 소유권

a) The Artist ("Vendor") selling the Product has verified that all items in the Product files are his/her own original work. Any components of the Product containing work from third parties require documented proof of rights to use, and specifically list the resources used on the Product upload page at time of upload. All Renderosity Vendors represent and warrant that they legally possess the power to grant the Buyer this License for all enclosed materials at time of Product upload.

b) The Vendor selling the Product is the copyright holder and retains all copyrights to the Product and its files. The Buyer has not purchased any ownership rights of the content. The Buyer has purchased a license to use this content when incorporated into a new work.

3) ALLOWED USES OF THE STANDARD LICENSE : •——— 기본 라이선스로 허용되는 이용 내역

a) The Buyer may use the Product personally or commercially in the form of rendered images and the Buyer has not violated any other terms of the License. Examples of some allowable Buyer uses are: advertising, rendered images, marketing materials, website image, icons, logos, e-publications, illustrations, animations, greeting cards, stickers, mouse pads, coffee mugs, t-shirts, 2D rendered images for games or backgrounds.

b) The Buyer may copyright any newly created work using the purchased Product files, provided all of the following are true :

1) The original Product files remain protected from being extracted,

2) The original Product files are NOT being distributed, even if in a different file format.

3) The new work does not compete with the original Product,

4) And, the new work is uniquely different from the original Product.

c) The Buyer may backup copies of the Product's files for personal archival purposes only. The backup copies may be stored on hard-drives, CD, DVD, networks or online provided that only the Buyer will have access to the backup files. Do not store on peer-to-peer or file sharing networks. Members will be banned for illegally sharing Renderosity Marketplace Product files.

d) An Extended License for additional uses at an additional cost may be available for some Products. Please contact Renderosity by email at license@renderosity.com to purchase an Extended License or if you have any questions about the Standard or Extended Licenses.

4) PROHIBITED USES OF THE STANDARD LICENSE : ●——— 기본 라이선스가 허용하지 않는 이용 내역

a) The Buyer shall not copy, modify, reverse compile, convert, reverse engineer, sell, sublicense, rent, or distribute Product, use Product for topology, create competing digital Products from Product, give (transfer) Product to anyone, or use Product in real-time rendering games (where the Product files are distributed), or make resources of the Product. PLEASE enquire about an Extended License if in question.

b) This License does not grant permission to produce a real, tangible Product or replica of the 3D mesh/model/Product acquired. Please email License@renderosity.com for an Extended License, if such licensing is needed.

c) The Buyer shall not redistribute the Product, in whole or in part, or in any file format (including no virtual world selling or redistribution), for sale or for free, and the new work does not violate any terms of this agreement.

d) The Buyer shall not store the Product any place where it could be used by another person or party. This includes not using on Second Life or other virtual worlds or in real-time rendering game where the Product files and license could be transferred to another person.

e) The Buyer shall not recreate the Product or convert to any other media format and re-distribute the files, regardless of whether it is for sale or free.

f) The Buyer shall not use the Product in such a way that the original materials could be extracted.

g) Products sold at Renderosity shall not be used for illegal purposes.

5) REFUNDS AND REVOCATION OF LICENSE : •—— 환불 및 라이선스의 취소

a) Renderosity or the Vendor may revoke this License upon receipt of information that the Buyer has used the Product in violation of these terms and conditions, or any laws. Upon receipt of such notice to Buyer, the Buyer shall immediately delete all Product files contained in the notice, both in original and derivative form, from any back-up or online location.

b) If the Vendor shows that any of the original material can be extracted from the Buyer's derivative work, the Vendor may require both the original and derivative work, and all copies thereof, to be deleted. In such cases, the Buyer will be notified. Upon receipt of such notification, the Buyer shall immediately delete all Product files contained in the notice, both in original and derivative form. Depending on the situation, the Buyer may be banned from the site, and downloads may no longer be available.

c) Occasionally, Renderosity may discover a Product has violated our upload agreement terms, broken a law, or infringed on someone else's rights. In such instances, Renderosity may notify the Buyer, refund the purchase, and the Buyer shall immediately delete all Product files contained in the notice, both in original and derivative form, and at any back-up location. Other minor cases may only require a Product Update. Therefore, it is important that the Buyer's Renderosity Profile be kept up to date with correct contact information.

d) In the event the Buyer is not satisfied with the Product, a refund may be issued based upon Renderosity's refund policy. Issuing refunds is at the discretion of the Vendor and/or the Renderosity Marketplace staff. Please contact the Vendor for support before requesting a refund. If a refund is issued, the Buyer shall immediately delete all Product files contained in the notice, both in original and derivative form, and at any back-up location.

6) NO WARRANTY ON PRODUCT : ●── 보상에 관한 내용

THE PRODUCT AND RELATED SERVICES ARE WARRANTED, IF AT ALL, ONLY ACCORDING TO THE EXPRESS TERMS HEREOF. EXCEPT AS WARRANTED HEREIN, RENDEROSITY HEREBY DISCLAIMS ALL WARRANTIES AND CONDITIONS WITH REGARD TO THE PRODUCT. THE PRODUCT IS LICENSED "AS IS" WITHOUT WARRANTY OF ANY KIND TO CUSTOMER OR ANY THIRD PARTY, INCLUDING, BUT NOT LIMITED TO, ANY EXPRESS OR IMPLIED WARRANTIES OF MERCHANTABILITY OF THE PRODUCT, FITNESS FOR THE BUYER'S PURPOSE OR SYSTEM INTEGRATION; INFORMATIONAL CONTENT OR ACCURACY; NON-INFRINGEMENT; AND TITLE. THE BUYER AGREES THAT ANY EFFORTS BY RENDEROSITY TO MODIFY ITS GOODS OR SERVICES SHALL NOT BE DEEMED A WAIVER OF THESE LIMITATIONS, AND THAT ANY RENDEROSITY WARRANTIES SHALL NOT BE DEEMED TO HAVE FAILED OF THEIR ESSENTIAL PURPOSE. THE BUYER FURTHER AGREES THAT RENDEROSITY SHALL NOT BE LIABLE TO THE BUYER OR ANY THIRD PARTY FOR ANY LOSS OF PROFITS, LOSS OF USE, INTERRUPTION OF BUSINESS, OR ANY DIRECT, INDIRECT, INCIDENTAL, OR CONSEQUENTIAL DAMAGES OF ANY KIND WHETHER UNDER THE LICENSE OR OTHERWISE, EVEN IF RENDEROSITY WAS ADVISED OF THE POSSIBILITY OF SUCH DAMAGES OR WAS GROSSLY NEGLIGENT. Some jurisdictions may not permit the exclusion or limitation of liability for consequential or incidental damages, and, as such, some portion of the above limitation may not be applicable. In such jurisdictions, Renderosity's liability shall be limited to the greatest extent permitted by applicable law.

7) INDEMNIFICATION : ●———— 콘텐츠 구입 시 고려해야 할 면책 내용

The Buyer hereby agrees to indemnify Renderosity and its directors, officers, agents, and employees and to hold each of them harmless in all respects, including costs and attorney's fees, from and against any and all claims, demands, suits, or causes of action of whatever kind or nature and resulting settlements, awards, or judgments resulting from any breach by the Buyer of the License. This indemnity shall survive the termination of the License.

8) GOVERNING LAW : ●———— 라이선스의 준거법 기준

The License shall be governed by the laws of the State of Tennessee. For the purposes of the License, each party hereby consents to the personal jurisdiction and exclusive venue of any court located in Rutherford County, Tennessee.

9) FORCE MAJEURE : ●———— 라이선스의 불가항력 조항

No party will be liable for and shall be excused from any failure to deliver or perform or for delay in delivery or performance due to causes beyond its reasonable control, including but not limited to, work stoppages, shortages, civil disturbances, terrorist actions, transportation problems, interruptions of power or communications, failure or suppliers or subcontractors, natural disasters or other acts of God.

10) SEVERABILITY : ●———— 라이선스의 분리 가능성에 대한 조항

The provisions of this License are severable. If any provision of the License is for any reason held to be invalid, illegal, or unenforceable, the remaining provisions of this License shall be unimpaired and continue in full force and effect, and, to the maximum extent permitted by law, the invalid, illegal, or unenforceable provision shall be replaced by a mutually acceptable provision, which, being valid, legal, and enforceable, comes closest to the intention of the parties underlying the invalid, illegal, or unenforceable provision.

라이선스 파일을 만들었다면 도큐멘테이션 폴더를 만들어 리드미 파일과 라이선스 파일을 넣고 zip 파일로 압축한다.

상용화를 위한 최종 파일 구성

상용화하고자 하는 가상의상의 런타임 폴더와 리드미 파일, 라이선스 파일과 함께 텍스처 이미지를 제작할 때 사용한 UV맵을 템플릿 폴더에 분류해서 압축 파일로 준비한다.

상용화를 위한 최종 파일의 구성은 아래와 같다. 판매자는 템플릿과 의상 콘텐츠 파일을 각각 zip 파일로 준비한다. 이로써 빅토리아 4의 가상의상 상용화를 위해 필요한 파일의 준비가 완료되었다.

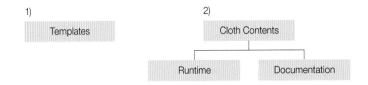

WEEK 13
최종 렌더링을 위한 캐릭터 코디네이션

학습목표
프로모션 이미지 제작에 필요한 최종 렌더링 작업을 위하여
가상의상에 필요한 캐릭터의 코디네이션을 이해하고, 코디네이션
세팅 방법을 익힌다.

최종 렌더링을 위한 캐릭터의 코디네이션

코디네이션은 캐릭터의 가상의상과 함께 캐릭터의 전체적인 스타일을 살리기 위해 헤어, 액세서리, 메이크업, 신발 등을 기획하고 착장하는 과정이다. 원하는 코디네이션 아이템을 구성했다면 필요한 아이템을 상용화 캐릭터의 마켓 플레이스에서 구입하여 코디네이션하면 된다.

대부분의 코디네이션 아이템들은 컨포밍 아이템(Conforming Item)으로 구입한 후 라이브러리에 저장하여 불러와 상단 메뉴 중 [Figure]에 있는 [Conform To] 기능을 통해 착장시킨다.

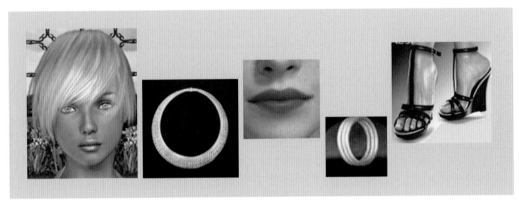

캐릭터 코디네이션의 예

코디네이션 아이템 착장하기

컨포밍 신발 착장시키기

1 라이브러리의 [Figure] 탭 안에서 원하는 신발 아이템을 2번 클릭해서 [Pose]창 안으로 로드한다.

2 상단 메뉴 중 [Figure]에 있는 [Conform To]를 클릭하여 빅토리아 4를 선택한다.

3 신발 아이템과 함께 제공되는 매터리얼 중 원하는 신발의 색상을 선택하기 위해 라이브러리의 Pose탭 안 [Figure] 탭에서 선택한 신발 아이템의 매터리얼 폴더를 선택한다.

4 원하는 스타일의 매터리얼 파일을 선택하여 2번 클릭하면 신발 아이템에 매터리얼이 적용된다.

라이브러리의 [Figure] 탭에서 신발 아이템 선택하기

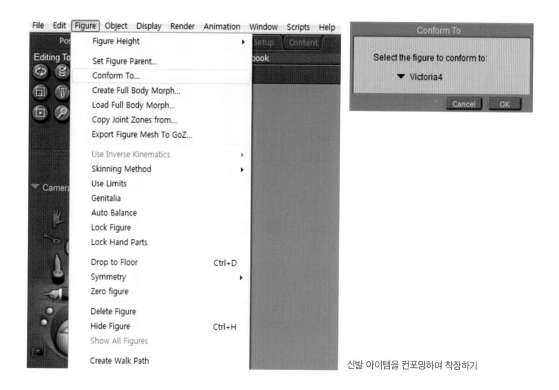

신발 아이템을 컨포밍하여 착장하기

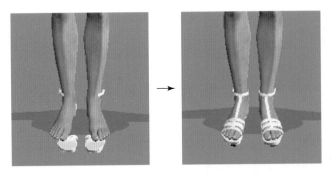

컨포밍으로 빅토리아 4에 착장된 신발 아이템

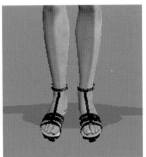

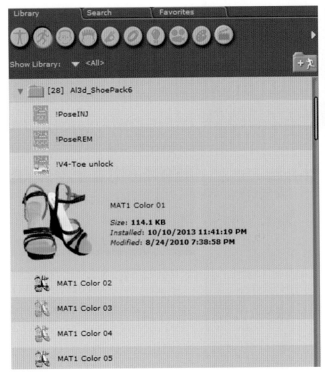

신발 아이템의 스타일 적용

헤어 착장시키기

1 라이브러리에서 원하는 헤어 아이템을 찾는다. 헤어 아이템은 일반적으로 [Figure]나 [Hair] 탭 안에서 찾을 수 있다.

2 선택한 헤어 아이템을 2번 클릭해서 [Pose]창으로 로드한다.

3 상단 메뉴 중 [Figure]에 있는 [Conform To]를 클릭하여 빅토리아 4를 선택한다.

4 헤어 아이템과 함께 제공되는 매터리얼 중 원하는 헤어의 스타일을 선택한다. 매터리얼 파일 은 [Pose]나 [Materials] 탭 안에서 찾을 수 있다.

5 원하는 스타일의 매터리얼 파일을 선택하여 2번 클릭하면 헤어 아이템에 매터리얼이 적용된다.

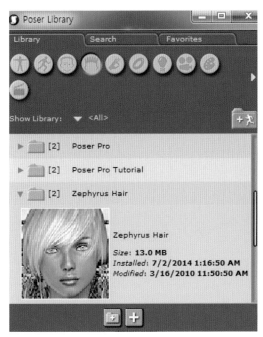

라이브러리의 [Hair] 탭에서 헤어 아이템 선택하기

헤어 아이템을 적용한 빅토리아 4 캐릭터

CORDINATION

MAKE UP
검은색 아이라인으로 눈을 또렷하게 한뒤
화려한색상의 아이라인과 쉐도우로 눈을 매
우 강조 합니다. 밝은 얼굴톤에 눈외 다른
색조화장은 하지 않습니다.

LELA FOR VICTORIA FEMALE

HAIR
단정하지 않은 부시시한 단발스타일로
앞머리가 있고, 보이쉬한 이미지 연출
합니다.

SHOES
의상에 프린팅이 많고 화려하기 때문에
신발은 가장 기본이 되는 검은 사이하이
부츠와 부티를 코디합니다.

ACCESSORY
목걸이나 귀걸이등의 악세서리는 너무
과해보일수 있으므로 간단한 베레모와
클러치를 코디합니다.

캐릭터 코디네이션 기획의 예시 ⓒ 석다은

WEEK 14
최종 렌더링하기

학습목표
포저에서 렌더링하는 방법을 익히고, 코디네이션된
빅토리아 4를 렌더링해 본다.

최종 렌더링

코디네이션이 완료된 빅토리아 4의 모습을 확인하기 위해서는 현재 프리뷰(Preview)창에 보이는 모습을 2D 이미지로 렌더링해야 한다. 렌더링을 하기 전에는 전체적인 조명을 조절하고 조명이 완성되면 기본 렌더 세팅(Render Setting)과 렌더 디멘션(Render Dimension)을 조절한다. 렌더에 관련된 세팅 작업은 상단 메뉴의 [Render]의 [Render Settings]에서 조절하고, 렌더링 사이즈 조절은 [Render Dimensions]에서 한다.

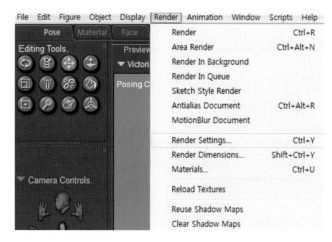

[Render Settings]와 [Render Dimensions]

렌더링 세팅하기

조명 세팅이 완료되면 렌더링 세팅을 확인한다. 기본적으로 [Auto Settings]에서 렌더 품질을 높이는 것만으로도 좋은 결과물을 얻을 수 있다.

1 아래 그림에서 보는 바와 같이 [Auto Settings]에서 [Final]로 세팅을 잡는다.

2 이때 [Gamma Collection]은 꺼 둔다.

3 세팅된 내용을 [Render Now(Firefly)] 버튼을 클릭하여 렌더링해 보고 설정된 내용을 [Save Settings]를 클릭하여 저장한다.

렌더링 사이즈 조절하기

렌더링은 기본적으로 프리뷰(Preview)창에서 보이는 크기 그대로 이루어진다. 필요에 따라 렌더링되는 이미지의 사이즈를 조절할 수 있다. 사이즈 조절은 [Render] 메뉴의 [Render Dimensions]에서 원하는 사이즈를 입력하면 된다.

1 [Render] 메뉴의 [Render Dimensions] 버튼을 클릭한다.
2 Match preview window로 된 옵션을 Render to exact resolution으로 바꾼다.
3 하단의 사이즈 기입란이 활성화되면, Width와 Height의 픽셀 크기를 지정하고 Resolution을 정하여 지정한다. 일반적으로 A4 사이즈 출력용 렌더링 이미지는 가로 1,200픽셀, 세로 1,500 픽셀, 해상도 300이 적당하다.
4 설정이 완료되면 [OK] 버튼을 클릭하여 저장한다.

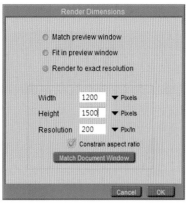

[Render Dimensions]

Final로 설정된 렌더링 세팅

조명 조절하기

렌더링하기 전에, 원하는 조명 효과를 준다. 조명은 왼쪽 툴바 하단에 위치한 라이팅 툴을 이용하여 조절할 수 있다. 조명을 조절하는 게 어렵다면, 라이브러리에서 제공하는 몇 가지 라이트를 이용하거나 원하는 라이트를 마켓 플레이스에서 구매하여 적용할 수 있다.

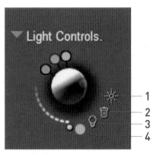

포저의 라이트 컨트롤

1 ✦ 빛 생성(Create Light) : 조명을 새로 만든다.
2 🗑 빛 삭제(Delete Light) : 조명을 삭제한다.
3 ⚲ 빛 특성(Light Properties) : 조명의 세부 특징을 본다.
4 ⬤ 빛 색상(Light Color) : 조명의 색상을 선택한다.

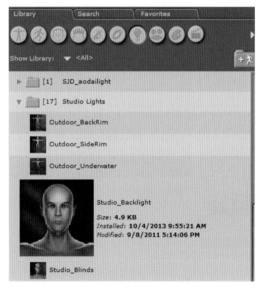

라이브러리에서 제공하는 Studio Light

새로운 라이트가 적용된 프리뷰 모습과 렌더링 후 모습

WEEK 15
프로모션 이미지 만들기

학습목표
제작한 가상의상의 상용화 프로세스를 알아보고, 상용화에 필요한
프로모션 이미지를 제작하는 방법을 익힌다.

프로모션 이미지 제작

가상의상을 상용화하기 위해서는 온라인 마켓 플레이스에 벤더를 등록해야 하는데, 이때 제작한 가상의상 아이템의 프로모션 이미지를 등록해야 한다. 여기서는 렌더로시티의 마켓 플레이스에서 가상의상 아이템을 판매하는 데 필요한 프로모션 이미지에 대해 알아보고 메인 프로모션 이미지의 예를 만들어 보도록 한다.

상용화를 위한 프로모션 이미지의 목록은 아래와 같다.

1 Thumbnail Image(마켓 플레이스 리스트용) : 300×350픽셀, 50kb 이하
2 Promo Image(마켓 플레이스 상단 광고용) : 690×250픽셀
3 Full Size Image(메인 프로모션 이미지) : 800×1,600픽셀
4 Optional Promotional Thumbnail Image : 214×214픽셀
5 Optional Promotional Images : 최대 800×1,600픽셀

프로모션 이미지에 들어가야 할 내용은 아래와 같다.

1 판매하고자 하는 가상의상의 제목과 의상의 종류
2 대상 캐릭터
3 판매하고자 하는 가상의상의 매터리얼별 착장 컷
4 판매하고자 하는 가상의상의 포즈별 착장 컷
5 판매하고자 하는 가상의상의 체형별 착장 컷

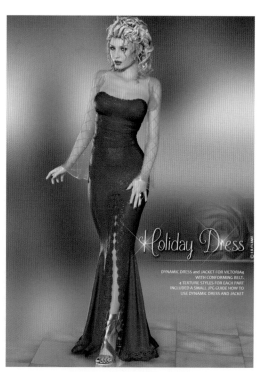

매터리얼, 포즈, 체형별 착장 컷은 프로모션 이미지 안에서 자유로운 형식으로 표현할 수 있다.

다음의 예는 렌더로시티에서 판매 중인 lilflame의 'Dynamic Holiday Dress' 메인 프로모션 이미지와 매터리얼별 착장 컷, 체형별 착장 컷 이미지이다.

Full Size Image(1,200×1,600픽셀)

판매하고자 하는 가상의상의 매터리얼별 착장 컷

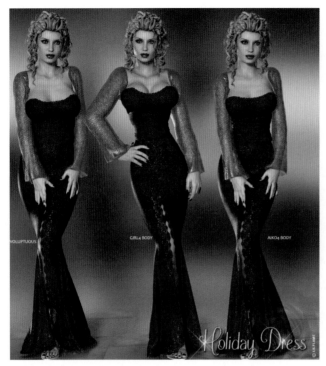
판매하고자 하는 가상의상의 체형별 착장 컷

위의 예를 참고하여 빅토리아 4의 가상의상을 위한 프로모션 이미지를 제작한다. 메인 프로모션 이미지를 제작할 때는 사용자가 구입하고자 하는 가상의상의 기본 정보를 숙지할 수 있도록 아래 3가지 사항을 반드시 넣는다.

1 가상의상의 대표적인 착장 이미지
2 판매할 가상의상의 제목
3 의상의 종류(Dynamic 또는 Conforming)와 대상 캐릭터

나머지 프로모션에 필요한 이미지는 포즈 및 매터리얼을 변형하여 최종 렌더링하고, 앞에서 명시한 프로모션 이미지의 내용과 이미지 픽셀 크기에 맞추어 픽셀 크기에 맞추어 자유롭게 꾸민다.

Full Size Image(메인 프로모션 이미지)
ⓒ 석다은

Thumbnail Image(마켓 플레이스 리스트용)

Promo Image(market place 상단 광고용)

Optional Promotional Thumbnail Image

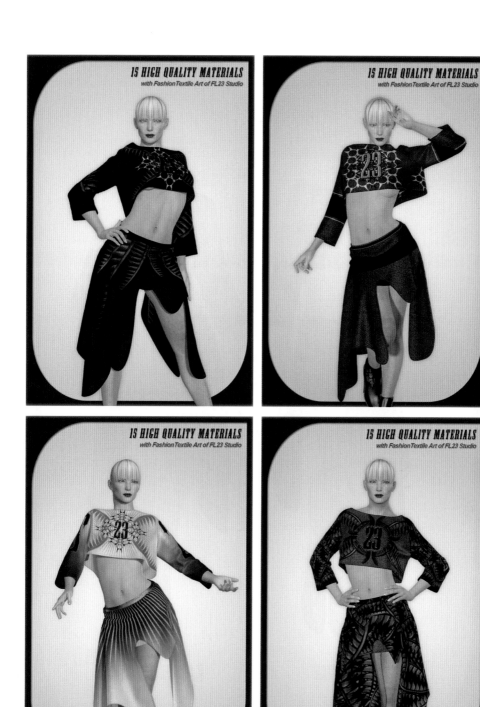

Optional Promotional Images

V4 THIN   V4 VOLUPTUOUS

Optional Promotional Images(체형별 착장 모습을 보여 줌)

WEEK 16
벤더 등록하기

학습목표
포저용 가상의상을 상용화하기 위한 렌더로시티의 벤더 등록 절차를
이해하고, 앞서 제작한 가상의상의 상용화 과정을 익힌다.

벤더 등록하기

프로모션 이미지가 준비되면 제작한 가상의상 상용화 등록 절차를 밟는다.

상용화에 필요한 파일

1 템플릿 파일 : 가상의상의 UV맵

2 가상의상 파일 : 런타임(zip)

3 가상의상 정보 파일 : 도큐멘테이션(Readme, Licence)

4 프로모션 이미지

상용화 아이템 등록 절차

1 판매자 컨트롤 접속 : 렌더로시티 우측 상단의 회원 아이디 옆의 내 림 메뉴를 통해 [Vendor Controls]에 접속한다.

2 판매자 정보(Vendor Detail) 등록 : 렌더로시티의 마켓 플레이스에서 활동하기 위한 기본 정보를 등록한다. 먼저 활동하고자 하는 벤더명 과 주소지 등의 기본 정보를 적고, 이어서 가상의상을 판매하여 발생 한 매출 수익의 지불 방법을 지정한다. 지불 방법은 페이팔(Paypal) 과 수표(Check) 중 1가지를 선택하면 된다. 지정해 놓은 수익금 이상 의 매출이 발생할 경우, 페이팔을 선택했을 때는 등록된 카드 계좌로 수익금이 송금되고, 수표를 선택했을 때는 매달 말 은행에 입금 가능 한 수표를 우편으로 받게 된다.

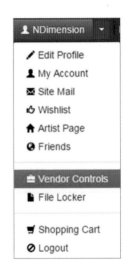

[Vendor Controls] 접속

3 판매할 상품 등록(Upload Product) : 판매자 정보가 등록되면 좌 측면의 판매자 메뉴를 통해 상품 등록이 가능하다. 좌측 메뉴 중 [Items] 카테고리 상단의 [Upload Product] 메뉴를 클릭한다.

4 판매하고자 하는 가상의상의 정보를 등록하는 메뉴가 나타난다. 등록할 메뉴는 기본 정보 (Basic Information), 상품 정보(Product Information), 벤더 정보(Vendors), 상품의 카테고리 정보(Departements), 이미지와 리드미 파일(Images & Files), 추가 설명(Description), 키워드 (Keywords & Product Kitting) 등이다. 하나씩 차례로 등록하고 [Submit] 버튼을 누르면 상 품의 판매 등록이 끝난다.

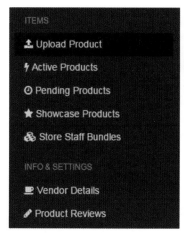

상용화 아이템의 업로드 메뉴 | 상용화 아이템의 등록 내용

상품 등록 시 필요한 정보

인증 기간 후 판매 가능 _ 벤더 컨트롤을 통해 상품을 등록한다고 해서 바로 판매가 가능한 것은 아니다. 렌더로시티 검증팀에 의해 1주 정도의 상품 인증 기간을 거쳐야 판매 가능 여부가 최종 적으로 결정된다. 이 기간 동안 등록된 가상의상 상품은 [Pending Products] 메뉴에서 확인할 수 있고 인증 과정을 통과하면 [Active Products] 메뉴에서 판매가 시작된다. 인증되지 않은 상 품의 경우는 렌더로시티 인증팀으로부터 결과에 대한 이메일을 받고, 재심 과정을 거친다. 재심 은 첫 심사 후 7일 이내에 이루어진다. 따라서 7일 안에 검증팀으로부터 받은 이메일에 명시된 에러 사항 등을 수정해서 업데이트해야 한다.

매출 관리 _ 판매 중인 의상 상품의 매출은 [Reports] 카테고리의 [Sales Report] 메뉴를 통해 확 인할 수 있다. 매출에 따른 수익은 앞에서 명시한 바와 같이 매달 수표나 페이팔 계좌를 통해 송금되며, 송금 날짜와 횟수는 [Vendor Controls]의 기본 정보에서 수정할 수 있다.

렌더로시티에 벤더등록이 완료된 상품의 판매 페이지

참고문헌 REFERENCE

단행본

강죽형(2008). 디지털 패션디자인. 파란마음.

김미현, 이상훈(2015). 올인원 포토샵 CS6+CC. 혜지원.

김숙진, 김경희, 최정(2011). 디지털패션표현. 방송통신대학교출판부.

김환표(2015). 트렌드 지식 사전. 인물과 사상사.

남윤자, 박선미, 서상우, 이유리, 이정임, 최경미, 추호정, 양희순, 이미아, 이성지(2013). IT Fashion. 교문사.

이호준(2012). 3D 디지털 피규어의 세계 Poser와 Daz Studio. 컴팩토리.

잡지

가야미디어(2008. 3). Harper's BAZAAR(한국판).

News Magazines(2008. 9). VOUGE AUSTRALIA.

학회지

김유경(2012). 패션일러스트레이션 교육발전을 위한 디지털 패션 일러스트레이션의 표현 특성에 관한 연구. 한국디자인포럼, 37, 419-433.

양은경, 김숙진(2014). 3D 캐릭터 가상의상 제작을 위한 소프트웨어의 사용성 평가 - 포저(Poser)용 3D 캐릭터의 가상의상 제작을 중심으로. 디지털디자인학연구, 제14권 제1호(통권 제41호), 863-876.

전영옥, 나건(2014). 디자이너 1인 창조기업 활성화를 위한 디자인 지원정책 방향 : 대구경북디자인센터의 '디자인패션 1인 창조기업 육성사업' 사례를 중심으로. 한국디자인포럼, 43, 한국디자인트렌드학회, 31-42.

기사

이광재(2015. 7. 24). "LF, 다쏘시스템 패션산업 특화 솔루션 '마이 컬렉션' 도입". CCTV 뉴스.

유윤정(2008. 4. 7). "세컨드라이프에 기모노는 있고 한복은 없다?". 아시아경제전자신문.

웹사이트

다즈3D www.daz3D.com

렌더로시티 www.renderosity.com

스미스마이크로소프트웨어 http://my.smithmicro.com/poser-3d-animation-software.html

클로버추얼패션 www.clo3D.com

패션ing테크 fashioningtech.com

한국정보통신기술협회 www.tta.or.kr

한국패션협회 www.koreafashion.org

찾아보기

저자 소개

김숙진 _ 프랑스 국립장식미술학교 졸업
파리1대학 조형예술학 석사, 박사
세종대학교 패션디자인학과 교수

최　정 _ 서울대학교 의류학과 석사, 박사
원광대학교 패션디자인산업학과 부교수
한국복식학회 · 한복문화학회 이사

조희은 _ 숙명여자대학교 조형예술학과 박사과정
숙명여자대학교 공예학과 겸임교수
디자인이즘 대표

양은경 _ 파리1대학 조형예술학 석사
연세대학교 생활디자인학과 패션디자인전공 박사과정
세종대학교 패션디자인학과 초빙교수
N DIMENSION 대표

나윤희 _ 세종대학교 패션디자인학 석사
세종대학교 패션디자인학과 박사과정
세종사이버대학교 패션비즈니스학과 강사

Digital Fashion Design

1인 창업을 위한 디지털 패션 디자인

2015년 8월 31일 초판 인쇄 | 2015년 9월 8일 초판 발행

지은이 김숙진 · 최정 · 조희은 · 양은경 · 나윤희 | **펴낸이** 류제동 | **펴낸곳** **교문사**

편집부장 모은영 | **책임진행** 이정화 | **디자인** 김장연 · 신나리 | **본문편집** 이연순
제작 김선형 | **홍보** 김미선 | **영업** 이진석 · 정용섭 · 진경민 | **출력 · 인쇄** 동화인쇄 | **제본** 한진제본

주소 (10881) 경기도 파주시 문발로 116 | **전화** 031-955-6111 | **팩스** 031-955-0955
홈페이지 www.kyomunsa.co.kr | **E-mail** webmaster@kyomunsa.co.kr
등록 1960. 10. 28. 제406-2006-000035호
ISBN 978-89-363-1461-3(93590) | **값** 28,000원